全国高职高专机电类专业规划教材

高压试验

主　编　黄永驹
副主编　何安国　王定有　仇新艳
主　审　李　燕

黄河水利出版社
·郑州·

内容提要

本书是全国高职高专机电类专业规划教材，是根据教育部对高职高专教育的教学基本要求及全国水利水电高职教研会制定的高压试验课程标准编写完成的。本书较详尽地介绍了高压试验的各种方法的基本原理、试验接线及操作注意事项，对故障的判断进行了较详细的分析和总结。主要内容包括：常用的各种绝缘预防性试验方法、电气设备绝缘在线监测、接地装置的试验、电力电缆故障的探测等。

本书可作为机电类高等、中等职业技术院校的高压试验实训教材，也可作为在发电厂、变电所等电力用户中从事电气试验工作的技术人员的培训教材。

图书在版编目(CIP)数据

高压试验/黄永驹主编. —郑州：黄河水利出版社，2012.2
全国高职高专机电类专业规划教材
ISBN 978-7-5509-0197-1

Ⅰ.①高… Ⅱ.①黄… Ⅲ.①高压试验(电)-高等职业教育-教材 Ⅳ.①TM8

中国版本图书馆CIP数据核字(2012)第006882号

组稿编辑：王路平 电话：0371-66022212 E-mail：hhslwlp@163.com
简 群 66026749 w_jq001@163.com

出 版 社：黄河水利出版社
地址：河南省郑州市顺河路黄委会综合楼14层 邮政编码：450003
发行单位：黄河水利出版社
发行部电话：0371-66026940、66020550、66028024、66022620(传真)
E-mail：hhslcbs@126.com
承印单位：河南地质彩色印刷厂
开本：787 mm×1 092 mm 1/16
印张：9
字数：208千字 印数：1—4 100
版次：2012年2月第1版 印次：2012年2月第1次印刷

定价：18.00元

前 言

本书是根据《教育部、财政部关于实施国家示范性高等职业院校建设计划,加快高等职业教育改革与发展的意见》(教高[2006]14 号)、《教育部关于全面提高高等职业教育教学质量的若干意见》(教高[2006]16 号)、《教育部关于推进高等职业教育改革和发展的若干意见》(征求意见稿)等文件精神,由全国水利水电高职教研会拟定的教材编写规划,在中国水利教育协会指导下,由全国水利水电高职教研会组织编写的机电类专业规划教材。该套规划教材是在近年来我国高职高专院校专业建设和课程建设不断深化改革和探索的基础上组织编写的。内容上力求体现高职教育理念,注重对学生应用能力和实践能力的培养;形式上力求做到基于工作任务和工作过程编写,便于"教、学、练、做"一体化。该套规划教材是一套理论联系实际、教学面向生产的高职高专教育精品规划教材。

在编写过程中,编者阅读了大量的参考文献、资料,深入当地电力部门了解第一手资料,做到理论联系实际,尽可能使本书反映现场的电气试验的新技术、新工艺,较详尽地介绍电气试验各种方法的基本原理、试验接线及操作注意事项,对故障的判断进行较详细的分析和总结。

本书共分 11 章,主要内容包括:第一章至第八章介绍了常用的各种绝缘预防性试验方法;第九章介绍了电气设备绝缘在线监测;第十章介绍了接地装置试验;第十一章介绍了电力电缆故障的探测。

本书编写人员及编写分工如下:第一、二章由福建省永安市供电有限公司王定有编写;第三章由福建水利电力职业技术学院李中胜编写;第四、五、七、八、九、十章由福建水利电力职业技术学院黄永驹编写;第六章由三峡电力职业学院何安国编写;第十一章由湖南水利水电职业技术学院仇新艳编写。本书由黄永驹担任主编并负责全书统稿,由何安国、王定有、仇新艳担任副主编,由河北工程技术高等专科学校李燕担任主审。

由于编者水平有限,书中难免有不妥之处,欢迎读者批评指正。

编 者

2011 年 11 月

目　录

第一章　高压试验的基本知识

第一节　绝缘预防性试验的意义

绝缘预防性试验是指在电气设备运行阶段定期或根据需要进行的绝缘试验。通过绝缘试验可以及早发现绝缘可能存在的缺陷，甚至是潜伏性缺陷，然后通过相应的维护与检修，避免电气设备绝缘在实际运行中发生损坏或击穿。运行经验表明，电力系统中60%以上的停电事故是由设备绝缘缺陷引起的。因此，绝缘预防性试验对保证电气设备安全可靠运行，从而保证电力系统可靠运行有着十分重要的意义。

电气设备绝缘故障是由绝缘缺陷引起的。电气设备绝缘缺陷，有些是制造、运输、安装过程中造成的，但多数是运行过程中在电压、机械应力、热、化学等方面的因素作用下造成的。

绝缘缺陷通常可分为两大类：第一类是集中性缺陷，如绝缘局部性的损伤（开裂、磨损、腐蚀等）、局部性的受潮和局部性的内部气泡，这类缺陷只影响一部分绝缘的性能；第二类是分布性缺陷，如绝缘整体受潮、老化、污秽等，这类缺陷将造成绝缘整体性能的下降。如果绝缘内部存在缺陷必然要导致绝缘性能的变化，因此电气试验人员通过各种试验手段，测量表征其绝缘性能的有关参数，查出绝缘缺陷并及时处理，可使事故防患于未然。

第二节　电气试验的分类

电气试验一般可分为出厂试验、交接验收试验、大修试验和预防性试验等。

出厂试验是电力设备生产厂家根据有关标准和产品技术条件规定的试验项目，对其所生产的产品进行检查试验。试验的目的在于检查产品设计、制造、工艺的质量，防止不合格产品出厂。每台出厂的电力设备应具有合格的出厂试验报告。

交接验收试验是指安装部门对新投入的设备按照有关标准及产品技术条件或《电气设备交接试验标准》规定进行的试验。交接验收试验用来检查产品有无缺陷、运输中有无损坏、安装工艺及质量等。

大修试验是指检修部门对大修设备按照有关标准及产品技术条件或相关规程规定进行的试验。大修试验用来检查检修质量是否合格等。

预防性试验是指设备投入运行后，按一定的周期由运行部门、试验部门进行的试验。其目的在于检查运行中的设备有无绝缘和其他缺陷。与出厂试验及交接验收试验相比，它主要侧重于绝缘试验。

按照试验的性质和要求，电气试验分为绝缘试验和特性试验两大类。绝缘试验是指测量设备绝缘性能的试验。绝缘试验以外的电气试验统称为特性试验。

绝缘试验从方法上可分为绝缘特性试验和绝缘耐压试验两大类。绝缘特性试验是在较低电压下或采用其他不会损伤绝缘的办法来检验绝缘的各种特性或表征量，如绝缘电阻、泄漏电流、$\tan\delta$、油中各种气体含量等，从而判断绝缘的状态和可能的缺陷。绝缘特性试验的优点是不会造成绝缘的损伤，所以又称为非破坏性试验。绝缘耐压试验是对设备施加较高的电压以考验绝缘的耐电强度的试验。这类试验对绝缘的检验最为严格，特别是能发现那些危险性较大的集中性缺陷。绝缘耐压试验的缺点是试验本身对绝缘有一定损伤，甚至可能导致绝缘的击穿，所以又称为破坏性试验。因此，应在绝缘特性试验合格后，才能考虑进行耐压试验，以避免不必要的绝缘损坏。根据试验电压的不同，绝缘耐压试验可分为交流耐压试验、直流耐压试验和冲击耐压试验。

特性试验是指对设备的电气或机械方面的某些特性所进行的测试试验，如变压器的变比、组别及绕组直流电阻，互感器的变比、极性，开关触头接触电阻，断路器的分合闸速度、时间等。

各类试验方法各有所长，各有局限。因此，不能孤立地根据某一项试验结果就判断绝缘状态的好坏，而必须将各项试验结果联系起来进行综合分析，并结合试品的特点和特殊要求，方能作出正确的判断。根据电气设备的绝缘性能和结构的不同，应有针对性地选择试验项目，不同的电气设备试验项目可能不同。选择试验项目的原则是，力求有效地发现设备缺陷。

对试验结果应采用综合分析比较法进行判断，即纵向、横向比较法。纵向比较法是指将该产品出厂试验及历年来的试验数据进行比较，分析设备绝缘变化的规律和趋势；横向比较法是指将试验结果与《电力设备交接及预防性试验规程》（简称《规程》）标准、同类或不同相的设备的数据进行比较，综合分析是否超标，判断是否存在缺陷或薄弱环节。

本章小结

本章介绍了绝缘预防性试验的意义、电气试验的分类及预防性试验结果的综合分析比较法。通过学习应了解绝缘预防性试验的意义、电气试验的分类，重点理解和掌握预防性试验结果的综合分析比较法。

习　题

1-1　简述绝缘预防性试验的意义。

1-2　绝缘缺陷可分为哪几类？

1-3　电气试验如何分类？为什么破坏性试验必须在非破坏性试验合格后进行？

1-4　简述预防性试验结果的综合分析比较法。

1-5　在电力设备预防性试验中，为什么要进行多个项目试验后再进行综合分析判断？

第二章　绝缘电阻和吸收比试验

第一节　绝缘电阻和吸收比试验的原理

一、绝缘电阻

最简单而最常用的非破坏性试验，就是测量试品的绝缘电阻。任何电介质都不可能是理想的绝缘体，在电场作用下都具有一定的电导。在直流电压作用下，初瞬间由于各种极化过程的发展，绝缘介质中流过的电流将随时间的变化而变化。在一定时间后，极化过程结束，流过介质中的电流趋于一稳定值 I（称之为泄漏电流），与 I 对应的电阻称为介质的绝缘电阻 R_∞。

测定绝缘电阻时的物理过程如图 2-1 所示。

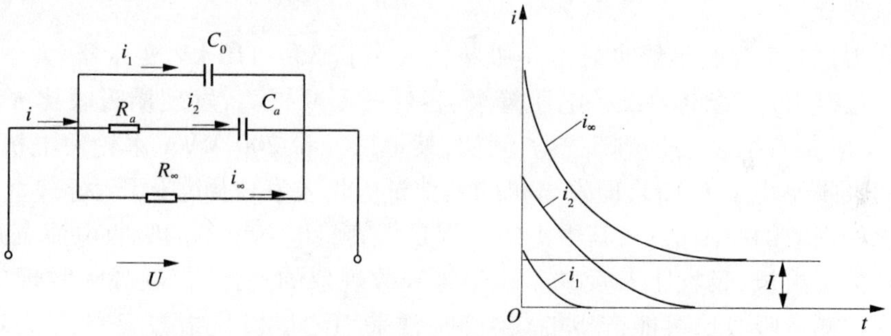

l—总电流；i_1—电容电流；i_2—吸收电流；i_∞—泄漏电流

图 2-1　泄漏电流、绝缘电阻测量值与时间的关系

图 2-1 中，总电流由泄漏电流、电容电流和吸收电流组成。

（一）泄漏电流（漏导电流）

理想的绝缘材料是不存在的，绝缘介质中总存在一些带电质点，在外加电压作用下都会有极微弱的电流流过，而且此电流经过一定的加压时间后即趋于稳定。泄漏电流是由于离子移动产生的，其大小取决于电介质在直流电场中的导电率，可以认为它是纯电阻性电流。

对于干燥的、完好的介质，其泄漏电流很小，所以绝缘电阻很大。对于潮湿、含有杂质或有贯通性缺陷的介质，其泄漏电流很大，绝缘电阻将显著下降。

（二）几何电流（电容电流）

在加压时，电源对电介质的几何电容充电时的电流称为几何电流或电容电流。实质上，它是由快速极化（如电子式极化、离子式极化）过程形成的位移电流，所以有时称之为位移电流。由于极化过程极快,几何电流一般衰减很快。

(三)吸收电流

吸收电流也是一个随加压时间的增长而减小的电流,不过比几何电流衰减慢得多,可能延续数分钟,甚至数小时。这是因为吸收电流是由缓慢的夹层式极化产生的,其值取决于介质的性质、不均匀程度和结构。吸收电流一般发生在夹层式介质构成的绝缘材料中。

二、吸收比

极化过程称为吸收现象。试验中把加压 60 s 测得的绝缘电阻与加压 15 s 测得的绝缘电阻之比,称为吸收比,用 K 表示,即 $K = R_{60''}/R_{15''}$。

根据吸收比的大小,可以判断试品绝缘的品质。

(1)当试品绝缘受潮时,泄漏电流大且吸收电流衰减很快,因此吸收曲线平坦,吸收比较小(接近于1),吸收现象不明显。

(2)完好干燥的绝缘,吸收现象明显,吸收比较大(通常大于1.3)。

由于 K 值是两个绝缘电阻的比值,故与设备尺寸无关,有利于反映绝缘状态。例如,对于干燥的 B 级绝缘的发电机定子绕组,在 10 ~ 30 ℃时,吸收比 K 远大于 1.3;若受潮严重,则绝缘电阻值显著降低,使得 $R_{60''}$ 与 $R_{15''}$ 的比值大大下降,$K \approx 1$;如 $K < 1.3$,则可判定为绝缘可能受潮。

一般认为,$K \geqslant 1.3$ 时绝缘良好。用吸收比 K 分析 35 ~ 110 kV 变压器、大中型发电机是有效的。近年来,随着电力设备电压等级、容量的不断提高,发现用吸收比 K 判断大容量变压器、发电机有很多的误判现象。例如,某地区一台 200 MVA 水轮发电机定子绕组多次测量的吸收比均小于 1.3,但发电机的其他试验均未发现异常,且运行一直正常。

产生这种现象的原因很多,其中主要原因是大容量电气设备的吸收电流衰减时间长,可达几分钟甚至更长,吸收比 K 反映不了绝缘吸收现象的整体,仅反映吸收现象的局部。为了克服这种测量吸收比可能产生的误判断,常采用测量极化指数 P 的方法,即测量其 10 min 与 1 min 的绝缘电阻之比,来判断绝缘的优劣。如《规程》要求,电力变压器极化指数不低于 1.5。容量为 6 000 kW 及以上的同步发电机,沥青浸胶及烘卷云母绝缘吸收比不应小于 1.3 或极化指数不应小于 1.5;环氧粉云母绝缘吸收比不应小于 1.6 或极化指数不应小于 2.0(200 MW 及以上机组推荐测量极化指数)。

需要注意的是,有时某些集中性缺陷虽已发展得很严重,以致在耐压试验中被击穿,但耐压试验前测出的绝缘电阻和吸收比均很高。这是因为这些缺陷虽然严重,但还没有贯穿。因此,只凭绝缘电阻的测量来判断绝缘状况是不可靠的,但它毕竟是一种简单而有一定效果的方法,故使用十分普遍。

第二节　兆欧表的工作原理与接线

一、兆欧表的工作原理

兆欧表是测量绝缘电阻的专用仪表。其电压等级有 500 V、1 000 V、2 500 V 等几种。

从使用形式上，兆欧表分为手摇式和电动式。高压电力设备绝缘预防性试验中，常使用 1 000 V、2 500 V 的兆欧表。通用手摇式兆欧表的原理接线如图 2-2 所示。

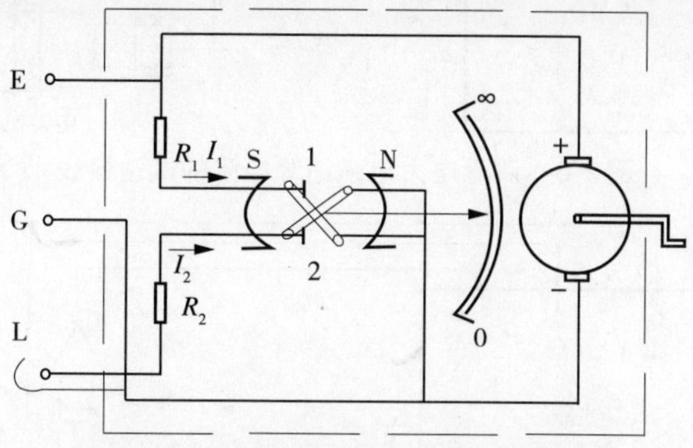

图 2-2　通用手摇式兆欧表的原理接线

兆欧表有三个端子，线路端子 L、接地端子 E 和屏蔽端子 G，被测绝缘接于 L 和 E 之间。G 端子的作用：为了测量准确，可将 G 端子接于被测试品的表面，用于屏蔽被测试品表面及兆欧表表面的泄漏电流。

电压线圈 1 与电流线圈 2 绕向相反，并可带动指针旋转。由于没有弹簧游丝，故无反作用力矩。当线圈中无电流通过时，指针可停留在任一位置。

当线圈 1 中通过电流 I_1 时，产生力矩 M_1 作用于线圈 1 上。同样，当有 I_2 时便有力矩 M_2 作用于线圈 2 上，两个线圈中电流产生的力矩方向相反。当两线圈达到平衡时，指针偏转角度 a 正比于 I_1/I_2，即

$$a = f\left(\frac{I_1}{I_2}\right)$$

因为

$$I_1 = \frac{U}{R_1},\ I_2 = \frac{U}{R_2 + R_x}$$

式中，R_1、R_2、R_x 分别表示分压电阻、限流电阻和试品的绝缘电阻，从而可得

$$a = f\left(\frac{I_1}{I_2}\right) = f\left(\frac{\frac{U}{R_1}}{\frac{U}{R_2 + R_x}}\right) = f\left(\frac{R_2 + R_x}{R_1}\right) = f'(R_x)$$

指针偏转角的大小反映了电阻值的大小，当兆欧表一定时，R_1 和 R_2 均为常数，故指针偏转角 a 的大小仅由试品电阻 R_x 决定。

二、常见的几种用兆欧表测量绝缘电阻的接线

（一）测量电力电缆绝缘电阻的试验接线

测量电力电缆绝缘电阻的试验接线，如图 2-3 所示。试验时，将 E 端子用专业测量导线与电力电缆外层（金属铠装层）相连，L 端子与电缆芯线相连，G 端子与电缆内绝缘层相连。为了接线方便，可用金属软线事先在电缆连接处缠绕数圈。

（二）测量绝缘子绝缘电阻的试验接线

测量绝缘子绝缘电阻的试验接线，如图 2-4 所示。试验时，将 E 端子与绝缘子脚（金

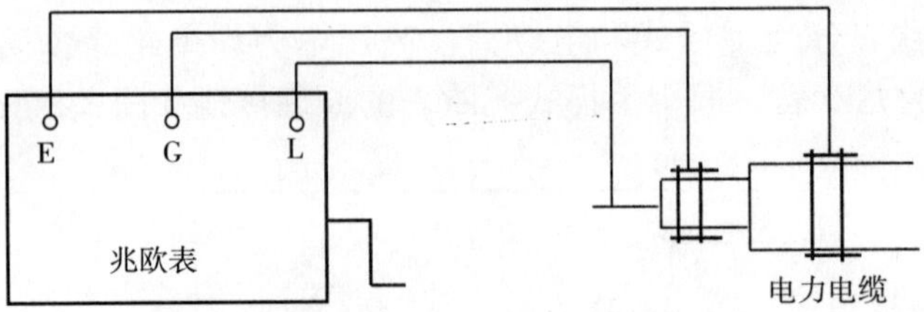

图 2-3　测量电力电缆绝缘电阻的试验接线

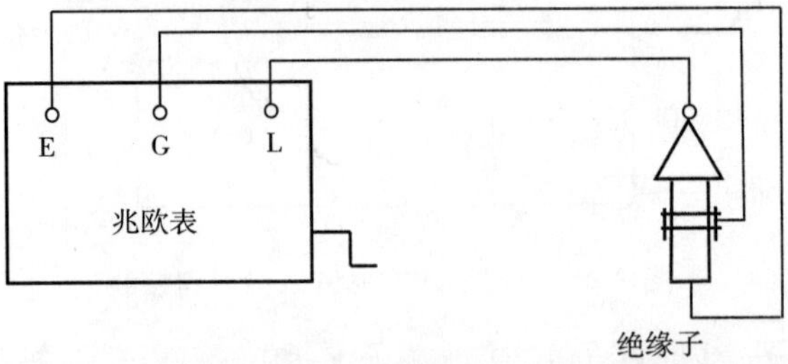

图 2-4　测量绝缘子绝缘电阻的试验接线

属螺杆）相连，L 端子与绝缘子帽相连，G 端子与绝缘子中部表面相连。为了接线方便，可用金属软线事先在绝缘子表面连接处缠绕数圈。若绝缘子表面能擦拭干净，通常 G 端子可不用引出接线。

（三）测量发电机定子绕组绝缘电阻的试验接线

测量发电机定子绕组绝缘电阻的试验接线，如图 2-5 所示。试验时，将 L 端子与被测相（A 相）相连，非被测相短接后与定子铁芯相连再连接到 E 端子。为了减小测量误差，将 A 相绕组的首尾表面用金属软线缠绕后再与屏蔽端子 G 相连。

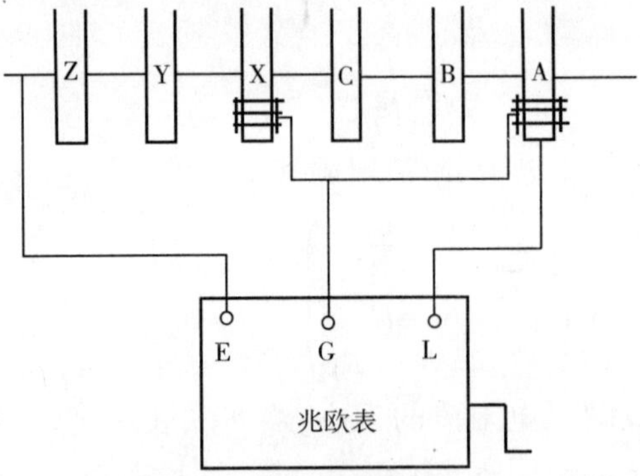

图 2-5　测量发电机定子绕组绝缘电阻的试验接线

第三节　影响绝缘电阻测量的因素

一、温度的影响

运行中的电力设备的温度随周围环境而变化，其绝缘电阻也是随温度而变化的。一般情况下，绝缘电阻随温度升高而降低。不同的电力设备及不同材料制成的同类电力设备，其绝缘电阻随温度变化的结果也是不一样的，现场测量也很难保证在相近的温度下进行。为了进行试验结果的比较，虽可根据设备的温度换算系数进行换算，但由于设备的新旧程度、干燥程度、使用的测量方法不同等因素，很难得出准确的换算系数。因此，实际测量绝缘电阻时，必须记录试验温度，而且尽可能在相近温度下进行测量，以避免温度换算引起的误差。

二、湿度和电力设备表面脏污的影响

当空气湿度增大时，电力设备绝缘表面会吸附水分，使表面电导率增加，绝缘电阻降低。当表面形成连通水膜时，绝缘电阻更低。例如，有一台 SF2500－24/2820 型水轮发电机大修后（受潮）测得绝缘电阻为 450 MΩ，通过干燥处理后，绝缘电阻大于 10 000 MΩ。

电力设备表面脏污也会使设备表面电阻大大降低，绝缘电阻显著下降。

三、残余电荷的影响

设备中的残余电荷会造成测量绝缘电阻误差。当残余电荷的极性与兆欧表的极性相同时，测得的绝缘电阻比真实值大；当残余电荷的极性与兆欧表的极性相反时，测得的绝缘电阻比真实值小。这是因为极性相同时，由于同性相斥，兆欧表输出较少电荷；极性相反时，由于异性相吸，兆欧表要输出更多电荷去中和残余电荷。

为了消除残余电荷的影响，测量绝缘电阻前必须充分接地放电，重复测量中也应充分放电，大容量设备应至少放电 5 min。

四、感应电压的影响

由于带电设备与停电设备之间的电容耦合，停电设备带有一定电压等级的感应电压。感应电压对绝缘电阻的测量影响很大，感应电压强烈时可能造成兆欧表指针乱摆，得不到真实的测量值。例如，运行中某相的一只 220 kV 电流互感器，高压引线感应电压强烈，测量其一次对末屏绝缘电阻时，指针在 500 MΩ 左右摆动；将高压引线接地，用同一绝缘电阻表测量末屏对一次及地的绝缘电阻时，绝缘电阻为 2 000 MΩ。因此，绝缘电阻测量时应采取电场屏蔽等措施克服感应电压的影响。

五、绝缘电阻表最大输出电流值的影响

绝缘电阻表最大输出电流值（输出端经毫安表短路测得）对吸收比和极化指数测量有一定影响。所以，测量吸收比和极化指数应采用大容量绝缘电阻表，即选用最大输出电流为 1 mA 及以上的绝缘电阻表。大型电力变压器宜选用最大输出电流为 3 mA 及以上的绝缘电阻表。

第四节　绝缘电阻的测试步骤及注意事项

一、测试步骤

（1）仪器在使用时须远离磁场，水平放置。

(2)将试品的电源及对外连接线拆除,并充分放电。

(3)将试品表面擦试干净,以消除脏污及潮湿对绝缘电阻的影响。

(4)对兆欧表做一次开路及短路试验。先使之开路,摇至额定转速(每分钟 120 转),检查指针应指向"∞"位置。然后将 L 端子与 E 端子短接,轻轻摇动手柄,观察指针应指向"0"位置。

(5)按试验图正确接线,L 端子引线必须对地悬空,且与 E 端子、G 端子的引线分开。驱动摇表达额定转速,待指针指示为"∞"时,将 L 端子接于试品,同时开始计时,在 15 s 与 60 s 各读取 $R_{15''}$和 $R_{60''}$,吸收比 $K = R_{60''}/R_{15''}$。

(6)使用摇表测量大容量设备(变压器、电容器、长电缆)的试验结束前,应在摇表仍处于额定转速下切断线路端(L 端),以避免因试品向摇表放电而损坏摇表。试验完毕,试品应充分对地放电。

(7)记录被试设备的铭牌、运行编号、本体温度、环境温度及使用的兆欧表型号。

二、测试注意事项

(1)测量时,L 端子与 E 端子的引线不要靠在一起,并用绝缘良好的专用导线。L 端子与 E 端子不能接错,否则会影响测量结果。由于兆欧表 L 端子连接的部件有良好的屏蔽作用,兆欧表本身的泄漏电流影响可以排除。

(2)测得的绝缘电阻过低时,应分析具体原因,排除环境温度、湿度、表面脏污、感应电压等的影响。

(3)为了便于比较,每次测量同类设备最好用同型号兆欧表。测量大容量设备的绝缘电阻时,应在摇转时间相同下读数。

(4)对测量的绝缘电阻可以进行温度换算,换算到标准温度下进行综合比较。

(5)注意感应电压的影响。

(6)测量电力电容器极间绝缘电阻时,由于电力电容器电容量大,吸收电流衰减时间长,很难测出其准确的绝缘电阻值,而且由于其充电电荷大,也很危险。因此,现场测量常用火花法,即测量两极绝缘电阻时,兆欧表轻摇 2 ~5 圈,用一短路线短路两极,若有明显火花,则认为电力电容器极间绝缘是合格的;若无火花,则可能是绝缘劣化或引线断开。

第五节 测量结果的分析判断

一、测量结果与规定值比较

将所测得的绝缘电阻值与规定的允许值相比,测量值应大于允许值。各种电力设备的绝缘电阻允许值可查阅相关规程。

二、测量结果与有关数据比较

将所测得的结果与有关数据比较,这是对试验结果进行分析判断的重要方法。通常用来作比较的数据包括:同一设备的各相间数据、出厂试验数据、耐压前后数据等。如发现异常，应立即查明原因或辅以其他测试结果进行综合分析判断。

本章小结

本章介绍了绝缘电阻及吸收比试验的原理、兆欧表的工作原理与接线以及影响绝缘电阻测量的因素，介绍了绝缘电阻的操作方法、测量步骤及注意事项。

通过学习应了解兆欧表测量绝缘电阻的原理，重点理解绝缘电阻、吸收比、极化指数等基本概念，掌握绝缘电阻测量的操作方法和技能。

习　题

2-1　何谓绝缘电阻、吸收比、极化指数？

2-2　影响绝缘电阻测量的因素有哪些？

2-3　为什么要测量电力设备的吸收比？

2-4　什么是绝缘的吸收现象？

2-5　为什么兆欧表的 L 端子和 E 端子的接线不能对调？

2-6　为什么用兆欧表测量大容量绝缘良好设备的绝缘电阻时，其数值愈来愈高？

2-7　试述绝缘电阻测试的步骤及注意事项。

2-8　为什么要测量电力设备的绝缘电阻？

第三章　直流泄漏电流试验及直流耐压试验

第一节　直流泄漏电流试验及直流耐压试验的原理及特点

直流泄漏电流试验与直流耐压试验的接线及操作方法相同，往往是同步进行的，只是试验电压标准不同而已，所以一并介绍。

一、直流泄漏电流试验的原理及特点

直流泄漏电流试验是对试品施加较高的直流电压（通常高于 10 kV），直接测量其电导电流，比兆欧表测量绝缘电阻更易发现绝缘的缺陷。通常是测量出试品在不同的试验电压下的泄漏电流，作出泄漏电流 I 与试验电压 U 的关系曲线，从而就能方便地判断试品有无缺陷。

泄漏电流测量与绝缘电阻测量相比有下列优点：

（1）试验电压更高，并且可随意调节。因此，测量泄漏电流比测量绝缘电阻更容易发现某些缺陷（如瓷质绝缘裂纹、局部损伤、绝缘油劣化、绝缘沿面碳化等）。

（2）用微安级电流表监测泄漏电流，灵敏度高，可多次重复比较。

（3）根据泄漏电流测量值可以换算出绝缘电阻值，而用测量的绝缘电阻值，一般不能换算出泄漏电流值，这是因为兆欧表输出的电压与试品绝缘电阻值的大小有关。

（4）泄漏电流测量时可以测量出试品在不同的试验电压下的泄漏电流，作出泄漏电流 I 与试验电压 U 的关系曲线，从而就能方便地判断试品有无缺陷及缺陷的类型。

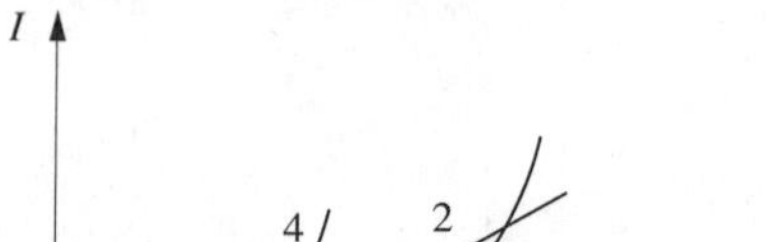

1—绝缘良好；2—绝缘受潮；3—绝缘中有集中性缺陷；4—绝缘中有危险的集中性缺陷；U_r—直流耐压试验电压

图 3-1　某发电机绝缘的直流泄漏电流随所加直流电压变化的曲线

图 3-1 为某发电机绝缘的直流泄漏电流随所加直流电压变化的曲线。在同一直流电压下，良好绝缘的泄漏电流较小，且随电压的增加，泄漏电流成正比增加；绝缘受潮时，泄漏电流增大；当绝缘有集中性缺陷时，电压升高到一定值后，泄漏电流剧增；绝缘的集中性缺陷越严重，出现泄漏电流剧增的电

压将越低。当泄漏电流超过一定标准时，应尽可能找出原因，加以消除。

二、直流耐压试验的原理及特点

直流耐压试验用于考验试品的耐电强度，能发现设备受潮、老化、集中性的缺陷等。有些大容量的试品受试验设备容量限制，只能进行直流耐压试验。

直流耐压试验与交流耐压试验相比具有以下优点：

(1)试验设备轻便、容量小，便于携带。对电力设备进行交流耐压试验时，通过的是电容电流，对于电容量较大的试品(如发电机、电缆等)，在交流试验电压升高时，电容电流比较大，因此就需要容量较大的试验变压器和调压器。而进行直流耐压试验时，通过的是泄漏电流，其数值最多只有毫安级，所以直流耐压试验设备轻便，便于在现场试验。

(2)易于发现某些设备的局部缺陷。例如，直流耐压试验比交流耐压试验更易发现发电机端部的绝缘缺陷。其原因是直流时没有电容电流从线棒流出，因而无电容电流在半导体防晕层上造成压降，故端部绝缘上的电压较高，有利于发现绝缘缺陷。而交流耐压试验易发现发电机槽部及出槽口的绝缘缺陷。

(3)一般情况下，直流耐压试验对绝缘损伤较小。因此，直流耐压试验加压时间可以较长，一般采用 5～10 min。

因为大多数电力设备是在交流工作电压下运行的，所以与交流耐压试验相比，直流耐压试验的缺点是，对绝缘的考验不如交流下接近实际和准确。

第二节　试验设备及接线

一、直流高压的产生

直流高压大多采用将工频交流升压后再整流来获取。早期现场试验时，一般采用半波整流来获取，但由于半波整流输出的波形效果不好，目前多数采用倍压整流或串联整流电路，如图 3-2、图 3-3 所示。

(一)倍压整流电路工作原理

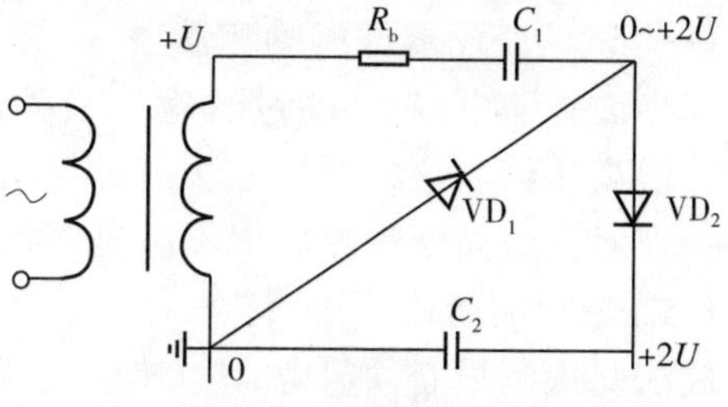

图 3-2　倍压整流电路

图 3-2 中，当电源电动势为负时，整流元件 VD_2 闭锁，VD_1 导通，电源电动势经 VD_1、R_b 向电容 C_1 充电至电源电压的幅值 U_{Tm}；当电源电动势为正时，电源与 C_1 串联起来经 VD_2、R_b 向 C_2 充电至 $2U_{Tm}$。当空载时，直流输出电压 $U_{2m}=2U_{Tm}$。VD_1、VD_2 的反峰电压也都等于 $2U_{Tm}$，电容器 C_1 的工作电压为 U_{Tm}，而 C_2 的工作电压则为 $2U_{Tm}$。当需要更高的直流电压输出时，可将若干个倍压整流单元串联起来，构成串联直流高压装置。

(二)串联直流高压装置工作原理

图 3-3 是一个三级串联直流高压装置的接线，在空载情况下，直流输出电压可达

$6U_{Tm}$。电路在空载时,各级电容的充电过程分析如下:在电源负半波时,电源经 VD_1、R_b 向电容 C_1 充电至 U_{Tm};在电源正半波时,电源与 C_1 串联(U_{30} 在 $0\sim2U_{Tm}$ 变化)经 VD_2、R_b 向 C_2 充电,使 C_2 的电压达到 $2U_{Tm}$。同样在负半波时,电源还与 C_2 串联(U_{21} 在 $U_{Tm}\sim3U_{Tm}$ 变化)经 R_b、VD_3 向 C_3 及 C_1 充电,使 C_3 及 C_1 上的总电压达到 $3U_{Tm}$,即 C_3 上的电压达到 $2U_{Tm}$;而在正半波时,电源与 C_1、C_3 串联(U_{50} 在 $2U_{Tm}\sim4U_{Tm}$ 变化)经 R_b、VD_4 向 C_4 及 C_2 充电,使 C_4 及 C_2 上的总电压达到 $4U_{Tm}$,即 C_4 上的电压达到 $2U_{Tm}$。依次类推,最终可使点 6 上电位即直流输出电压达到 $6U_{Tm}$。

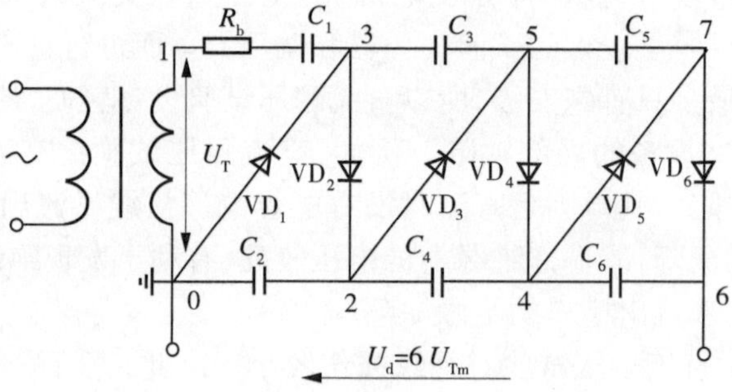

图 3-3　三级串级直流高压装置的接线

保护电阻 R_b 的作用是,限制试品发生击穿时的短路电流不超过高压硅堆和试验变压器的允许值。

近年来,随着电子技术的广泛应用,研制出了晶体管直流高压试验器和以倍压整流产生高压或经可控硅逆变器再进行倍压整流获得高压的成套试验仪器。如 KGF 系列、JGS 系列和 JGF 系列等,电压等级 30 ~ 400 kV,体积小、质量轻,广泛用于试验现场。

二、直流高压的测量

试品上直流高压可采用多种方法测量,主要有试验变压器低压侧测量法、球隙测量法、高压静电电压表测量法、高值电阻串联微安表法、电阻分压器测量法。

(一)试验变压器低压侧测量法

在半波整流电路中,通过试验变压器的变比及测量变压器低压侧的低压,可以近似换算出直流高压值。这种测量方法由于忽略了试品的泄漏电流及保护电阻的压降等,精度不高。在对直流高压精度要求不高时,可以采用该法测量。

(二)球隙测量法

此法每次测量必须放电,不方便。一般用于防止试品击穿的保护。

(三)高压静电电压表测量法

此法虽测量精度很高,可交流、直流电压两用,但电压等级较高时,其造价也很高,受户外环境因素影响较大,所以现场户外试验时不常用,只用于实验室精确测量。

(四)高值电阻串联微安表法

现场使用最多的还是高值电阻串联微安表法。这种方法是采用高压电阻串联微安级电流表而成的测量法。高压电阻可采用金属膜电阻、碳膜电阻,要求阻值稳定,电阻容量及表面爬距也符合测量电压要求。一般将电阻装在密闭绝缘筒内，并采取良好的均压措施，如装防晕帽、防晕环。绝缘筒表面应绝缘良好，减少电阻本体表面及绝缘表面的泄漏电流。必要时，微安级电流表应进行屏蔽。优点是高压直接测量，测量范围广、测量精度较高。

（五）电阻分压器测量法

用已知阻值的一个高值电阻与一个低值电阻串联，测量低值电阻上的压降，再根据分压比计算出被测高压。为安全起见，在低值电阻两端并联一个低压放电管。

三、试品不接地的测试接线

试品不接地时，测量泄漏电流或直流耐压试验通常采用微安表处于低压的接线，如图3-4所示。图中T为工频试验变压器，其电压必须满足试验的要求。C为滤波电容，其作用是使整流电压平稳。加于试品上的电压越平稳，直流电压的数值越接近工频交流高压的幅值。

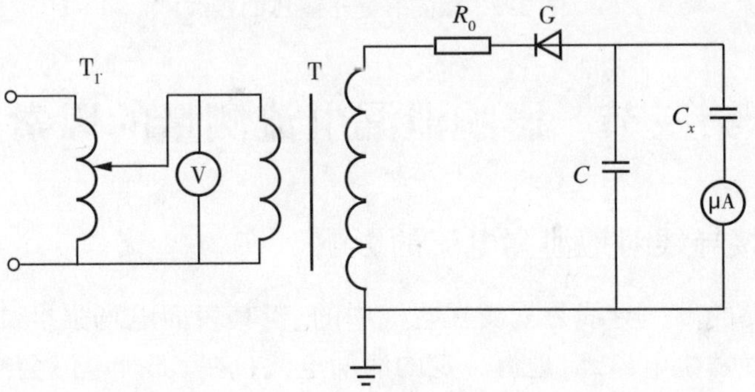

T—工频试验变压器；R_0—保护电阻；G—硅堆整流器；μA—微安表；

C—滤波电容；T_1—调压器；C_x—试品电容

图3-4　微安表处于低压的接线

在现场试验时，当试品电容C_x较大时，滤波电容C可以不加；当C_x较小时，则需接入0.1 μF左右的电容器以减小电压的脉动。保护电阻R_0的作用是限制试品击穿时的短路电流不超过高压硅堆和变压器的允许值，以保护变压器和硅堆，故R_0又称为限流电阻，其值可按10 Ω/V选取，通常用有机玻璃管充水制成，其表面爬电距离按3～4 kV/cm考虑。微安表的作用是测量泄漏电流，它的量程可根据试品的种类及绝缘情况等适当选择。

微安表处于低压的接线较简便，这时微安表接在接地端，读数安全、方便，而且高压引线的泄漏电流、整流管和保护电阻绝缘支架的泄漏电流以及试验变压器本身的泄漏电流均直接流入试验变压器的接地端而不会流入微安表，故测量比较精确。但此时试品不能直接接地，而现场电力设备一般需一端接地，故不适用于现场试验。

四、试品一极接地的测试接线

为适用于现场试品外壳接地的情况，测量泄漏电流或直流耐压试验可采用微安表处于高压的接线，如图3-5所示的接线方式。此时微安表在高压侧，为了避免由微安表到试品的连接导线上产生的电晕电流以及沿支柱绝缘子表面的泄漏电流流过微安表，需将微安表及其到试品的高压引线屏蔽起来，使其处于等电位屏蔽中，而屏蔽对地的泄漏电流不通过微安表，不会带来测量的误差。但此时，微安表对地需良好绝缘并加以屏蔽，在试验中调整微安表量程时，必须用绝缘棒，因此操作不便，且由于微安表距离人较远，不易读数。

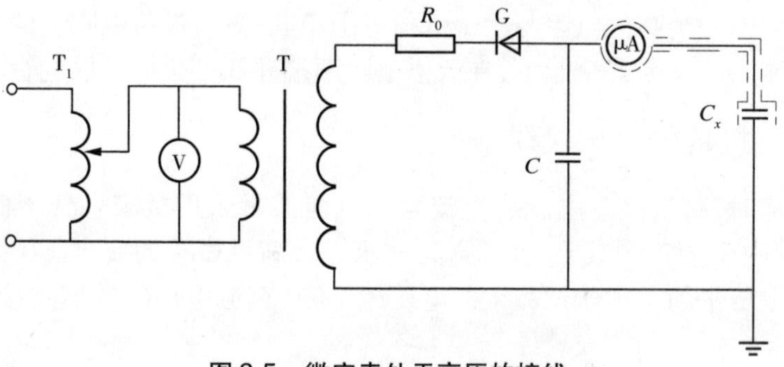

图 3-5 微安表处于高压的接线

第三节 影响泄漏电流测量的因素

一、高压连接导线对地泄漏电流的影响

由于连接试品的高压导线是暴露在空气中的，当其表面电场强度高于 20 kV/cm 时，沿导线表面的空气发生电离，对地有一定的泄漏电流，这一部分电流会经过回路流过微安表，因而影响测量结果的准确度。要限制电晕电流流过微安表，唯一的方法就是把微安表移至试品的上端，然而要把微安表固定在试品的上端是比较困难的。所以，一般是把微安表固定在升压变压器的上端，这时就必须用屏蔽线作引线，也要用金属外壳把微安表屏蔽起来。根据电晕原理，采用粗短的导线，并且增加导线对地距离，避免导线有毛刺等措施，可减小电晕对测量结果的影响。

二、试品表面泄漏电流的影响

泄漏电流可分为体积泄漏电流和表面泄漏电流两种，表面泄漏电流的大小，主要取决于试品的表面情况，如表面受潮、脏污等。若绝缘内部没有缺陷，而仅表面受潮，实际上并不会降低其内部绝缘强度。为了真实反映绝缘内部情况，在泄漏电流测量中，所要测量的只是体积泄漏电流。但在实际测量中，表面泄漏电流往往大于体积泄漏电流，这给分析、判断试品的绝缘状态带来困难，因此必须消除表面泄漏电流对真实测量结果的影响。

消除的办法有两种：一种是使试品表面干燥、清洁，且高压端引线与接地端保持足够的距离；另一种是采用屏蔽环将表面泄漏电流直接短接，使之不流过微安表。

三、温度的影响

与绝缘电阻测量相似，温度对泄漏电流测量结果有显著影响，温度升高，绝缘电阻下降，泄漏电流增大，不同试品及不同材料、不同结构的试品其变化特性不同。经验证明，对于B级绝缘发电机的泄漏电流，温度每升高10 ℃，泄漏电流增加0.6倍。因此，对于不同温度下测得的泄漏电流值进行比较时，应考虑温度的影响。《规程》给出了部分设备不同温度下的泄漏电流参考值。

四、电源电压的非正弦波形对测量结果的影响

在进行泄漏电流测量时，供给整流设备的交流高压应该是正弦波形。如果供给整流设备的交流电压不是正弦波，则对测量结果是有影响的，会造成输出电压的偏高或偏低，影响电压波形的主要是三次谐波。

一般采用以下方法克服非正弦波的影响：

(1)用波形畸变小的自耦变压器调压。

(2)选择电源时，最好用波形不易畸变的线电压。

(3)直接在高压侧测量直流高压。

五、加压速度对测量结果的影响

对被试设备的泄漏电流本身而言，它与加压速度无关，但用微安表读取的并不一定是真实的泄漏电流，而可能包含电容电流和吸收电流。而泄漏电流是指加压1 min时的泄漏电流值，这样的加压速度就会对读数产生一定的影响。

对于大容量试品(如长电缆、电容器等)，吸收现象很强，吸收电流衰减得很慢，可达数分钟甚至更长，显然加压1 min时的泄漏电流值还包含吸收电流，而这一部分吸收电流与加压速度有关。如果电压是逐渐增加的，则加压的过程中，就已有吸收过程，读取的电流值就较小；如果电压是很快增加的，或一下子增加的，则加压过程中就没有完成吸收过程，而在同一时间下读取的电流就会大一些。对于容量大的设备都是如此，而对于容量小的设备，因为吸收过程不明显，加压速度所产生的影响就不大了。

为了得到较准确的测量数据，应采取逐级加压的方式，并规定相应的升压速度和电压稳定时间。《规程》中对电缆直流耐压试验及泄漏电流测量规定的电压稳定时间为5 min。这是为了克服吸收现象造成的测量误差。一般现场测量时也都采用逐级加压方式。

六、残余电荷的影响

同测量绝缘电阻一样，试品残余电荷对泄漏电流测量也有影响。残余电荷极性与直流输出电压极性相同时，泄漏电流值会偏小；极性相反时，泄漏电流值会偏大。因此，泄漏电流试验前和重复试验时，均要对试品进行充分放电。

七、输出电压极性的影响

(一)电渗现象使不同极性试验电压下油纸绝缘电气设备的泄漏电流测量值不同

电渗现象是指在外加电场作用下，液体通过多孔固体的运动现象，它是胶体中常见的电动现象之一。多孔固体在与液体接触的交接处因吸附离子或本身的电离而带电荷，液体则带相反电荷，因此在外电场作用下，液体会相对固体发生移动。

运行经验表明，电缆或变压器的绝缘受潮通常是从外皮或外壳开始的。根据电渗现

象，电缆或变压器绝缘中的水分在电场作用下带正电，当电缆芯或变压器绕组加正极性电压时，绝缘中的水分被其排斥而渗向外皮或外壳，使其水分含量相对减小，从而导致泄漏电流减小；当电缆芯或变压器绕组加负极性电压时，绝缘中的水分被其吸引而渗过绝缘向电缆芯或变压器绕组移动，使其绝缘中高场强的水分相对增加，导致泄漏电流增大。

试验电压的极性对新电缆和变压器的测量结果无影响。因为新电缆和变压器基本没有受潮，所含水分甚少，在电场作用下，电渗现象很弱，故正、负极性试验电压下的泄漏电流相同。

试验电压的极性对旧的电缆和变压器的测量结果有明显的影响，基本规律如下：

(1)对于受潮的绝缘，当外加电压为额定试验电压的50% ~80%时，试验电压的极性对泄漏电流影响最大，绝缘中的场强足以使其中的水分充分移动，导致负极性试验电压时绝缘中高场强区含有的水分相对增加较多，而正极性试验电压时绝缘中含有的水分相对较少，两种因素综合起来使得此时试验电压的极性对泄漏电流影响最大。

(2)不管屏蔽与否，负极性试验电压下的泄漏电流总是大于正极性试验电压下的泄漏电流。这是因为电渗现象主要发生在绝缘内部，只影响体积泄漏电流。因此，只要外界干扰和表面泄漏电流不起主导作用，上述规律总是成立的。

(二)试验电压的极性效应对引线电晕电流的影响

在不均匀、不对称的电场中，外加电压极性不同时，其放电过程及放电电压不同的现象，称为极性效应。在进行直流泄漏电流试验时，其高压引线对地构成的电场可等效为棒－板电场，当外施直流泄漏电流试验的电压极性不同时，高压引线的电晕电流是不同的。特别是对于泄漏电流较小的电力设备，高压引线的电晕电流对其测量结果的影响更大。

综上所述，直流泄漏电流试验的电压极性对电力设备泄漏电流的测量结果是有影响的。因此，测量泄漏电流时，应施加负极性直流高压，并读取5 min时的泄漏电流值。同样，用兆欧表测量绝缘电阻时，为了易于发现缺陷，也在L端子输出负极性高压。

第四节　异常现象分析及注意事项

一、异常现象分析

(一)从微安表反映出来的异常现象

(1)指针来回摆动。这可能是由于电源电压波动，直流电压脉动系数大或试验回路和试品有充、放电过程。若摆动不大，可取其平均值；若摆动大，则应检查主回路和微安表的滤波电容是否良好、电容量是否合适，必要时可改变滤波方式。

(2)指针周期性摆动。这可能是试品绝缘不良或回路存在反充电所致，应查明原因。

(3)指针突然冲击。若有小冲击，可能是电流回路引起的；若有大冲击，可能是试验回路或试品出现闪络或间歇性放电引起的。遇到这种异常情况时，应立即降压，并查明原因。

(4)指针随测量时间而变化。若指示逐渐降低，可能是充电电流减小或试品表面电阻增大引起的;若指示逐渐上升,一般是试品绝缘老化引起的。

(5)指针反指。这可能是微安表极性接错或试品对测压电阻放电引起的。

(6)接好线,未加压,微安表即有指示。这可能是外界干扰,微安表表面极化或对地电位抬高引起的。

(二)从泄漏电流数值反映出的异常现象

(1)泄漏电流过大。这时应先对试品、试验接线、屏蔽、加压高低等进行检查,然后依据影响泄漏电流的因素,排除外界影响后,才能对试品下结论。

(2)泄漏电流过小。这可能是接线有问题,加压不够,微安表有分流等引起的。

(3)对无法在低压端进行测量的试品,当泄漏电流偏大时,可考虑采用差值法,即先将高压引线悬空升压,测得一泄漏电流,然后将高压引线接试品,再升压测得一泄漏电流,后者减前者即为试品泄漏电流值。差值法可以排除高压引线、试验设备高压端等部分的杂散电流对泄漏电流的影响。

二、注意事项

(1)按要求接线,并由专人认真检查接线和仪器仪表,尤其是检查操作部分外壳是否可靠接地。确认无误后,方可通电升压。

(2)升压应分级进行,不可太快。

(3)升压过程中若出现击穿、闪络等异常现象,应马上降压,断开电源,并查明原因。

(4)试验完毕,降压、断开电源后,均应先对试品充分放电后才能更改接线。对大容量试品放电时,应采用高电阻放电,不能用接地线直接放电。放电时,应注意放电的位置,对于微安表接在高压侧的情况,应对高压引线芯线放电,以免放电电流直接流过微安表,将微安表冲击烧坏;对于微安表接在低压侧和试品低压端这两种情况,放电前应先将微安表短接后再放电。对附近设备可能存有感应电荷时,也应放电或预先短接。当测电缆其中一相泄漏电流时,应将非被测两相电缆短路接地。

第五节　测量结果的分析判断

对电气设备进行泄漏电流测量后,应对测量结果进行认真、全面地分析,以判断设备的绝缘状况。对泄漏电流测量结果进行分析、判断可从以下几方面着手:

(1)将测量结果与规定值比较。泄漏电流的规定值就是其允许的标准,它是在生产实践中根据积累多年经验制定出来的,一般能说明绝缘状况。对于一定的设备,具有一定的规定标准。这是最简便的判断方法。

(2)比较法。这与测量绝缘电阻时所介绍的方法相似。但是,在分析泄漏电流测量结果时,还常采用不对称系数(即三相之中的最大值和最小值的比)进行分析、判断。一般要求不对称系数不大于2。

(3)电流-电压曲线法。利用测量值作出泄漏电流与试验电压的关系曲线,通过曲线可以说明绝缘在高压下的状况。如果在试验电压下,泄漏电流与试验电压的关系曲线是一近似直线(且泄漏电流值未超标),可说明绝缘没有严重缺陷;如果是曲线,而且形状陡峭，则说明绝缘有缺陷。

本章小结

本章介绍了直流泄漏电流试验及直流耐压试验的原理及特点，对试验测量设备、试验接线、影响泄漏电流测量的因素及注意事项等也进行了较详细的介绍。

通过学习应了解直流泄漏电流试验及直流耐压试验的原理，重点掌握直流泄漏电流试验及直流耐压试验的操作方法，提高对试验中可能出现的异常现象及试验结果的分析、判断能力。

习　题

3-1　泄漏电流试验与绝缘电阻试验相比，有哪些优点？

3-2　简述直流高压测量的几种方法及其优缺点。

3-3　影响泄漏电流测量的因素有哪些？

3-4　为什么泄漏电流测量时，采用负极性的直流高压？

3-5　简述泄漏电流试验中常见的异常现象并分析产生的原因。

3-6　泄漏电流试验应注意哪些事项？

3-7　如何判断泄漏电流试验的测量结果？

3-8　直流耐压与交流耐压相比，直流耐压的试验设备容量为什么可以更小？

第四章　工频交流耐压试验

第一节　工频交流耐压试验的基本原理

工频交流耐压试验是鉴定电力设备绝缘强度的最严格、最有效和最直接的试验方法，它对判断电力设备能否继续运行具有决定性的意义，也是保证设备绝缘水平、避免发生绝缘事故的重要手段。

在电力系统预防性试验中，虽然对电力设备进行一系列的非破坏性试验，能发现很多绝缘缺陷，但因这些试验的电压一般较低，往往对某些局部缺陷反应不灵敏，而这些局部缺陷在运行中可能会逐渐发展为影响安全运行的严重隐患。例如，局部放电缺陷可能会逐渐发展成为整体缺陷或局部缺陷，在过电压情况下使设备失去绝缘性能而引发事故。为了进一步发现电力设备的绝缘缺陷，检查设备绝缘水平和确定能否投入运行，有必要进行破坏性试验即耐压试验。根据《规程》规定，现场电力设备绝缘预防性试验中的破坏性试验有交流耐压试验和直流耐压试验两种。因此，为了更灵敏有效地查出某些局部缺陷，考验试品绝缘承受各种过电压的能力，就必须对试品进行交流耐压试验。

交流耐压试验的电压、波形、频率及电压在试品绝缘内部的分布，一般与实际运行情况相吻合，因而能较有效地发现绝缘缺陷。交流耐压试验应在试品的非破坏性试验均合格之后才能进行。如果这些非破坏性试验已发现绝缘缺陷，则应设法消除，并重新试验合格后才能进行交流耐压试验，以免造成不必要的损坏。

交流耐压试验对固体有机绝缘来说，会使原来存在的绝缘缺陷进一步发展，使绝缘强度进一步降低，虽在耐压时不至于击穿，但形成了绝缘内部劣化的积累效应、创伤效应。这种情况是我们应当避免的，因此必须正确地选择试验电压的标准和耐压时间。试验电压越高，发现绝缘缺陷的有效性越高，但试品被击穿的可能性也越大，积累效应也越严重；反之，试验电压越低，发现绝缘缺陷的有效性越低，使设备在运行中击穿的可能性越小。根据各种设备的绝缘材料和可能遭受过电压的倍数，《规程》规定了相应的试验电压标准。

绝缘的击穿电压值不仅与试验电压的幅值有关，还与加压持续时间有关。这一点对有机绝缘来说特别明显，其击穿电压随加压时间的增加而逐渐下降。《规程》中一般规定，工频耐压时间为 1 min。这样一方面是为了便于观察试品情况，使有缺陷的绝缘来得及暴露（固体绝缘发生热击穿需要一点时间）；另一方面又不至于因时间过长而引起不应有的绝缘伤害。

交流耐压试验一般有以下几种加压试验方法：

一是工频耐压试验，即给试品施加工频电压（通常达到试品额定工作电压的数倍值），以检验试品对工频电压升高的绝缘承受能力。它可准确地考验绝缘的裕度，能有效地发现较危险的集中性缺陷。这种加压方法是鉴定试品绝缘强度最有效、最直接的试验方法,也是经常采用的试验方法之一。

二是感应耐压试验,对某些试品,如变压器、电磁式电压互感器等,采用从二次侧加压而使一次侧得到高压的试验方法来检查试品绝缘。这种加压方法不仅可以检查试品的主绝缘(绕组对地、相间和不同电压等级绕组间的绝缘),而且还对变压器、电压互感器的纵绝缘(同一绕组层间、匝间及段间绝缘)也进行了考验。而通常工频耐压试验只是考验了设备的主绝缘,却没有考验纵绝缘,因此要进行感应耐压试验。

感应耐压试验又分为工频感应耐压试验及倍频(100 ~ 400 Hz)感应耐压试验两种。对变压器进行倍频感应耐压试验时,通常在低压绕组上施加频率为 100 ~ 200 Hz、2 倍于额定电压的试验电压,其他绕组开路。因为变压器在工频额定电压下,铁芯的伏安特性曲线已接近饱和部分。若在试品一侧施加大于或等于 2 倍于额定电压的电压,则空载电流会急剧增加,达到不能允许的程度。为了能够施加 2 倍于额定电压的电压而又不使铁芯磁通饱和,多采用增加频率的办法,即倍频耐压法。

三是冲击电压试验,主要用于考验试品在操作波过电压和大气过电压下绝缘的承受能力。冲击电压试验又分为操作波冲击电压试验和雷电冲击电压试验两种。本章主要介绍的是工频交流耐压试验。

交流耐压试验的不足之处是:对固体有机绝缘在较高的交流电压作用下会使绝缘中的一些弱点更加发展,这样试验本身就会引起积累效应。因此,必须适当地选择试验电压值的大小。一般考虑到运行中绝缘的变化,耐压试验电压值应比出厂试验电压值低些,而且不同的设备应不同对待,这主要由运行经验决定。

第二节　工频交流耐压试验接线

一、常用试验接线

对电气设备进行工频交流耐压试验时,常利用工频高压试验变压器来获得工频高压,其接线的原理如图 4-1 所示。

通常试品都是容性负载。试验时,电压应从零开始逐渐升高。如果在工频试验变压器初级绕组上不是由零逐渐升压,而是突然加压,则由于励磁涌流,会在试品上出现过高的电压;或者在试验中突然将电源切断,这相当于切除空载,变压器也将引起过电压,因此必须通过调压器逐渐升压和降压。R 是试验变压器的保护电阻(也称为限流电阻)。如果试验时试品突然击穿或放电,工频试验变压器不仅由于短路会产生过电流,而且还将由于绕组内部的电磁振荡,在工频试验变压器匝间或层间绝缘上引起过电压,为此在工频试验变压器高压出线端串联一个保护电阻 R。保护电阻的阻值不应太大或太小。阻值太小,短路电流过大,起不到应有的保护作用;阻值太大,会在正常工作时由于负载电流而有较大的电压降和功率损耗,从而影响加到试品上的电压值。一般 R_1 的数值可按回路放电电流限制到工频试验变压器额定电流的 1 ~ 4 倍来选择,通常取 0.1 Ω/V。

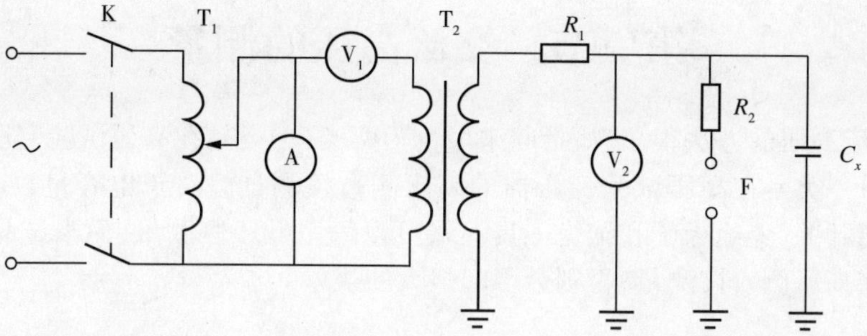

T_2—高压试验变压器；T_1—调压器；K—电源开关；R_1、R_2—限流电阻；F—保护球隙；
C_x—试品；V_1—低压侧电压表；V_2—高压侧测量表计；A—电流表

图 4-1　工频交流耐压试验接线原理图

二、串级式试验接线

当单台工频试验变压器的额定电压提高时，其体积和质量将迅速增加，不仅在绝缘结构的制造上带来困难，而且费用也大幅度增加，运输上也增加了困难。因此，当试验电压等级较高时，常将 2 ~ 3 台较低的工频试验变压器串接起来使用。

图 4-2 为两台试验变压器组成的串激回路。第一级变压器 T_2 的低压绕组直接由调压器 T_1 供电，高压绕组末端与器身相连且接地。高压端分段给第二级变压器 T_3 提高对地电位，同时给 T_3 一次侧励磁。因此，输出电压为两台试验变压器的输出电压之和。当两级电压相同时，第一级试验变压器的容量是第二级的两倍。当串级连接时，要特别注意极性的一致，否则两台试验变压器输出电压相减，使输出电压降低。若两级试验变压器主绕组变比都为 K，正确串级后的变比为 $2K$。串级试验变压器的第二级以及后面各级应有相应的对地绝缘，且其低压侧、铁芯、外壳和高压侧的低电位端应连接在一起，保持等电位。

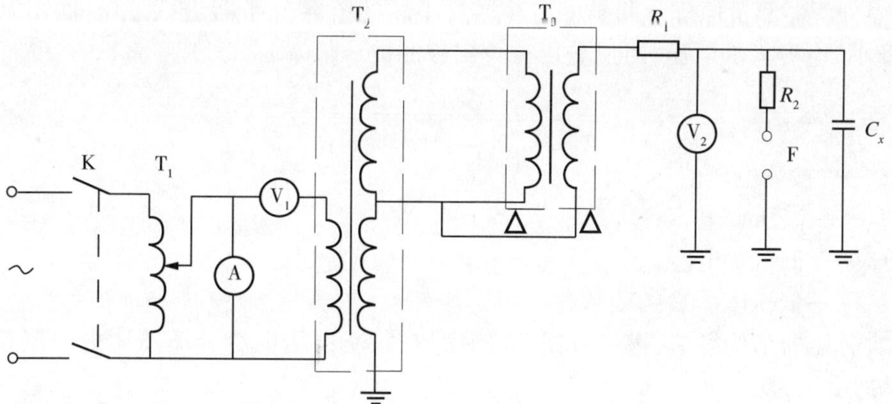

T_2、T_3—第一级和第二级高压试验变压器；T_1—调压器；K—电源开关；R_1、R_2—限流电阻；
F—保护球隙；C_x—试品；V_1—低压侧电压表；V_2—高压侧测量表计；A—电流表

图 4-2　试验变压器串级式接线原理图

第三节　交流高压的测量

测量交流高压的方法很多，概括起来可分为两类：一类是在高压试验变压器的低压侧间接测量；另一类是在高压试验变压器的高压侧直接测量。对于电容量较小的试品（如断路器、隔离开关、瓷绝缘子和绝缘工具等），可以采用低压侧测量，而当试品的电容量较大时，必须在高压侧直接测量，否则会引起很大的误差。

一、在低压侧测量

这种方法是在试验变压器的低压侧或测量绕组的端子上，用电压表进行测量，然后通过换算来确定高压侧的电压。若电压表的读数为 U_1，那么高压侧的电压 U_2 应为

$$U_2 = KU_1$$

式中　K——高压绕组与低压绕组或测量绕组之间的变比，可查铭牌或通过校核获得。

对于成套设备，通常在低压侧电压表上直接采用乘以变比 K 的刻度值，以便于直接读数。这种方法的优点是测量方便、经济，但准确性不高。

二、在高压侧测量

在进行交流耐压试验时，当试品为容性设备时，试验回路的电流基本上是属于容性的。容性电流在试验变压器的绕组上要产生漏抗压降，使得试品的电压升高，也就是通常所说的容升现象。

为了避免容升现象给试验带来的影响，在试验时应尽量采用高压侧测量电压的方法，特别是对大容量被试设备，更应当注意。

高压侧测量电压的方法通常有以下几种。

（一）用电容分压器测量

电容分压器测量原理是将被测电压通过串联的电容分压器进行分压，测出其中低阻抗（压降小）电容上的电压，再用分压比算出被测电压值，即

$$U = \frac{C_1 + C_2}{C_1} U_2$$

式中　U——被测电压值；

C_1——高压臂电容；

C_2——低压臂电容；

U_2——低压电压表的读数。

电容分压器结构简单，携带方便，准确度较高，所以用电容分压器测量交流高压是目前现场常用的方法。

（二）用静电电压表测量

静电电压表测量也是现场常用的测量高压的方法。测量时，将静电电压表并联于试品的两端，可直接读出加在试品上的高电压。这种方法比较简单、准确。静电电压表的结构主要由两个电极组成：一个是固定电极，另一个是可动电极。利用这两个电极间的电场

力使可动电极偏转来测量电压。

静电电压表能耐受的电压由两极间的距离及固定高压电极的绝缘支柱表面的放电电压决定。改变电极间距离，能改变测量电压范围，所以静电电压表常为多量程。静电电压表还可以测量频率高达 1 MHz 的电压。

静电电压表两极间通常以空气为绝缘介质，电容量极小(10 ~ 30 pF)，因此阻抗较大，测量时几乎不改变试品上的电压。

当电压等级较高时，静电电压表的电极通常暴露在外面，无屏蔽密封措施，使用时受风、天气、外界电磁场干扰影响较大，现场不宜使用，多用于实验室里。

(三)用球隙测量

采用球隙直接测量高压侧的电压是高压试验中最基本的测量方法，已经有数十年的历史，积累了大量的使用经验，制定了准确度达 ±3% 的标准。此法不仅可以用来测量交流高压幅值，同样也可以用来测量冲击电压及直流电压。

在一定的大气条件下，对于一定直径的铜球，当球隙距离一定时，其击穿电压是固定的，因此可以利用球隙来测量高压。球隙的装置比较简单，能够直接测出很高的电压，所以在实验室中使用起来较方便。但在现场条件下使用，往往带来很多的误差，甚至达到无法使用的程度。所以，在室外现场的电力设备绝缘预防性试验中，用球隙测量高压是不现实的。

(四)用电压互感器测量

在试品两端并联一只准确度较高(0.5 级)的电压互感器，在电压互感器的低压侧用电压表测量，然后乘以互感器的变比即可换算出高压侧的电压。

这种测量方法简单，准确度高，但测量电压不宜太高。测量电压太高则要求电压互感器的一次电压高，致使制造出的电压互感器体积大、成本高，且不易携带。

第四节　试验步骤及异常现象分析

一、试验步骤

(1)根据被试设备的容量合理选择试验设备、表计的电压测量方法。

试品试验电流按下式计算：

$$I=\omega CU\times10^{-6}$$

式中　I——试验电流，mA；

ω——电源角频率；

C——试品电容，pF；

U——试验电压，kV。

试品试验容量的计算按下式进行：

$$S=\omega CU^{2}\times10^{-9}$$

式中　S——试验容量，kVA。

选择试验设备时，试验设备的额定电流和容量都要大于试品的试验电流和容量，并应保持一定的裕度。

(2)按试验接线图接好线后，应由专人检查，确认无误后方可准备加压。

(3)加压前，要检查调压器是否在“零位”，若在“零位”方可加压，而且要高呼“加高压”，并经工作负责人同意后，才能实施加压操作。调整保护球隙，使其放电电压为试验电压的105% ~110%，连续试验 3 次，应无明显差别，并检查过流保护装置动作的可靠性。

(4)升压过程中，应监视电压表及其他表计的变化，当电压升高至0.5 倍额定试验电压时，读取被试设备的电容电流；当电压升至额定试验电压时，开始计算时间，时间到后缓慢降压。

(5)对于升压速度，在达到 1/3 试验电压前可以稍快一些，其后升压应均匀，约按 3% 试验电压每秒升压，或升至额定试验电压的时间为 10 ~15 s。

(6)试验中，若发现指针摆动或被试设备、试验设备发出异常响声、冒烟、冒火等，应立即降压，并在高压侧挂上地线后查明原因。

(7)被试设备无明确规定者，一般耐压时间为 1 min。对绝缘棒等用具，耐压时间为 5 min。试验后在挂上接地棒后触摸有关部位，应无发热现象。

(8)电压降至零后，应断开试验电源。在加压设备输出端装设接地线后，方可通知有关人员变更接线。

(9)试验前后，应测量被试设备的绝缘电阻及吸收比，两次测量结果不应有明显差别。

二、试验中的异常现象分析

(1)当调压器通电后，发出沉重的声响。这可能是将 220 V 的调压器错接到 380 V 的电源上了，若此时电流出现异常读数，则可能是调压器不在“零位”，并且其输出侧有短路或类似短路的情况，最常见的是接地棒忘记摘除。

(2)接通电压后，电压表马上有指示。这说明调压器不在“零位”，若电压表指示甚大，并伴有声响，则可能马上嗅出味来。

(3)接通电源后，调节调压器，电压表无指示。这可能是由于自耦调压器碳刷接触不良，或电压表回路不通，或变压器测量线圈有断线。

(4)在升压过程中，电压缓慢上升，而电流急剧上升。这可能是由于试品存在短路或类似短路的情况，也可能是由于试品容量过大或接近于谐振。

(5)随着调压器往上调节，电流下降，电压基本不变或有下降趋势。这可能是由于试验负荷过大、电源容量不够。在这种情况下，可改用大容量电源进行尝试。此外，也可能是受到波形畸变的影响。

(6)在升压过程中，随着移圈调压器调节把手的移动，输出电压不均匀地上升，而出现一个马鞍形，即常说的“N 形曲线”。这是移圈调压器的漏抗与负载电容的容抗相匹配而发生串联谐振造成的。遇到这种情况，可以采用增大限流电阻或改变回路参数的办法来解决。

(7)被试设备在耐压试验时是合格的,但是在试验后却发现被击穿了。这可能是试验后忘记降压而直接拉闸造成的。

第五节　交流耐压试验结果的分析判断

被试设备一般经过交流耐压试验,在规定的持续时间内不发生击穿为合格;否则,为不合格。被试设备是否击穿,可根据下述情况分析、判断:

(1)一般情况下,若电压表指示突然下降,则表明被试设备可能击穿。

(2)若过电流继电器整定值适当,则被试设备击穿时,过电流继电器会动作,切除电源。若整定值过小,可能是在升压过程中,并非被试设备击穿,而是试品电流较大,过电流继电器动作跳闸造成的。若整定值过大,即使被试设备放电或发生小电流击穿,也不会有反应。

(3)在试验过程中,被试设备发出击穿声响、断续放电声响,发生冒烟、出气、焦臭、跳火以及燃烧等情况,一般都是不允许的。当查明这种情况确实来自被试设备的绝缘部分时,则认为被试设备存在问题或被击穿了。

(4)当被试设备为有机绝缘材料时,试验后,立刻进行触摸,如出现普遍或局部发热,都认为绝缘不良。

(5)对于组合绝缘设备或有机绝缘材料,耐压前后其绝缘电阻不应下降30%,否则就认为不合格。对于纯瓷绝缘或表面以瓷绝缘为主的设备,易受气候条件影响,可酌情处理。

(6)在试验过程中,因空气湿度、温度或表面脏污等的影响,仅引起表面滑闪放电或空气放电,则不应认为不合格,而应在经过清洁、干燥等处理后,再进行试验。若并非由于外界因素影响,而是由瓷件表面釉层绝缘损伤、老化等引起的,则认为不合格。

(7)进行综合分析、判断。应当指出,有的设备即使通过了耐压试验,也不一定说明设备毫无问题,特别是像变压器那样有线圈的设备,即使进行了交流耐压试验,也往往不能检查出匝间、层间等缺陷,所以必须结合其他试验项目所得结果进行综合判断。

本章小结

本章介绍了交流耐压试验的原理、试验目的、试验方法,对交流高压的测量方法、试验接线、试验中可能出现的异常现象及试验结果的分析判断等进行了较详细的介绍。

通过学习应了解交流耐压试验的原理和试验目的,重点掌握交流耐压试验的操作方法,提高对试验中可能出现的异常现象及试验结果的分析判断能力。

习　题

4-1　试述交流耐压试验的意义。

4-2　如何选择高压试验变压器?

4-3　简述交流高压的测量方法。

4-4　简述交流耐压试验的操作要点。

4-5　简述交流耐压试验中可能出现的异常现象。

4-6　何谓容升现象?

4-7　交流耐压试验时,电力设备绝缘不合格的原因可能有哪些?

4-8　在交流耐压试验中,如何选择保护电阻?

4-9　交流耐压试验时对升压速度有何要求?

4-10　采用串级试验变压器的目的是什么?

4-11　在交流耐压试验中,为什么要测量试验电压的峰值?

第五章　介质损耗因数 $\tan\delta$ 试验

第一节　$\tan\delta$ 测量的原理和意义

一、电介质的损耗

电介质就是绝缘材料。任何绝缘材料在电压作用下，总会流过一定的电流，所以都有能量损耗。在电压作用下，电介质中产生的一切损耗称为电介质损耗或介质损失。

如果电介质损耗很大，会使电介质温度升高，促使绝缘材料老化，甚至造成电介质熔化、烧焦，丧失绝缘性能，导致热击穿。因此，电介质损耗的大小是衡量绝缘介质电性能的一项重要指标。

二、$\tan\delta$ 测量的原理和意义

在直流电压下，电介质内由于没有周期性极化，局部放电引起的损耗也很小，电介质中的损耗主要是漏导损耗，用绝缘电阻或漏导电流就足以表示了，所以不需引入电介质损耗这个概念。

在交流电压的作用下，电介质中的损耗除了漏导损耗（有功损耗），还有极化、局部放电等引起的无功损耗。流过介质的电流有两个分量：有功分量和无功分量。将有功分量和无功分量的比值称为介质损耗因数 $\tan\delta$。由于通常有功分量很小，有功分量所对应的夹角较小，所以测量的 $\tan\delta$ 也很小。在交流电压下，电介质损耗常以介质损耗因数 $\tan\delta$ 来表示。

$\tan\delta$ 是一项表示绝缘内功率损耗大小的参数。对于均匀介质，它实际上反映着单位体积的介质损耗，与介质的绝缘尺寸、体积大小无关。通过测量 $\tan\delta$，可以反映整个绝缘的分布性缺陷，如绝缘的普遍受潮和老化（油的劣化、有机固体绝缘材料的老化等）。

对于体积较大的试品，如果绝缘内部的缺陷不是分布性缺陷而是集中性缺陷，则此试验方法就不灵敏。

第二节　$\tan\delta$ 测量的试验接线及操作方法

测量 $\tan\delta$ 有平衡电桥法（西林电桥）、不平衡电桥法（M 型介质试验器）、瓦特表法、相敏电路法四种方法。最普遍的测量 $\tan\delta$ 的仪器是 QS1 型高压西林电桥、M－8000 型介损仪等。

一、QS1 型高压西林电桥的工作原理

QS1 型高压西林电桥(以下简称 QS1 电桥)的原理接线如图 5-1 所示。

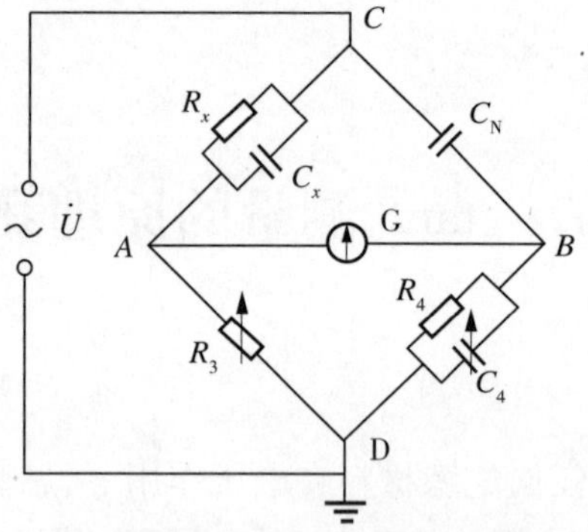

图 5-1　QS1 型高压西林电桥的原理接线图

西林电桥主要由 CA、CB、AD、BD 四个桥臂组成:CA 为试品的等值电路(C_x、R_x 并联电路);CB 接标准无损空气电容器 C_N(其 $\tan\delta\approx0$);AD 接无感可变电阻 R_3;BD 由无感电阻 R_4 和可变电容 C_4 并联组成;在对角线 AB 上接入检流计 G,外试交流电压一般为 10 kV。

如果电桥不平衡,检流计中会有电流流过,调节 R_3、C_4 使电桥平衡,即通过检流计的电流为零,此时 A、B 等电位,于是有

$$\frac{Z_{CA}}{Z_{AD}}=\frac{Z_{CB}}{Z_{BD}}$$

将各桥臂阻抗代入得

$$\frac{1}{\dfrac{1}{R_x}+\mathrm{j}\omega C_x}\times\frac{1}{\dfrac{1}{R_4}+\mathrm{j}\omega C_4}=\frac{1}{\mathrm{j}\omega C_N}R_3$$

因 $\tan\delta=\dfrac{1}{\omega C_x R_x}$,化简上式可得

$$\tan\delta=\frac{1}{\omega C_x R_x}=\omega R_4 C_4$$

$$C_x=\frac{R_4 C_N}{R_3}\times\frac{1}{1+\tan^2\delta}\approx\frac{R_4 C_N}{R_3}\quad(\text{当}\tan\delta\ll1\text{时})$$

在使用的电源频率为 50 Hz 时,$\omega=2\pi f=100\pi$。为了便于计算和读数,在电桥制造时,将 R_4 的值取为 $\dfrac{10\,000}{\pi}=3\,183(\Omega)$,于是 $\tan\delta=\omega R_4 C_4=10^6 C_4$,如果 C_4 的单位以 μF 表示,则在数值上,$\tan\delta=C_4$。

综上所述,当电桥平衡时,C_4 的数值(以 μF 为单位)就等于试品的 $\tan\delta$ 值。所以,在电桥面板的分度盘上,C_4 的数值直接用 $\tan\delta$(%)来表示,方便读取数值。

测量试品的电容量,有时对于判断其绝缘状况也是有价值的。例如,对于电容型套管,如果电容量明显增加,常表示内部电容层间有短路现象,或是有水分浸入。

二、$\tan\delta$ 测量的试验接线

用西林电桥测量 $\tan\delta$ 时，常用的接线方式有正接线和反接线。

（一）正接线

图 5-2 为西林电桥正接线原理图。采取这种接线方式时，交流高压加于试品 Z_x 的一端，电桥处于低压端，操作比较安全方便，而且电桥内部不受强电场干扰，所以准确度较高。此时，试品对地必须绝缘，而现场的高压电气设备绝缘的一端通常是接地的，所以正接法往往不适应现场试验的要求，因而多用于实验室。

（二）反接线

图 5-3 为西林电桥反接线原理图。反接线时，交流高压从电桥操作部分加入，试品 Z_x 的一端接地。如前所述，由于现场的高压电气设备绝缘的一端通常是接地的，所以反接线适用于现场试验的要求。但是反接线时，电桥内 R_3、C_4 均处于高电压下。所以，为了保证操作的安全，必须采取相应的安全措施，例如操作者和电桥都应在对地具有良好绝缘的绝缘板上，使操作者和 R_3、C_4 都处于等电位，或者操作者通过绝缘杆进行调节。QS1 型西林电桥就是当电压在 10 kV 及以下时，通过电桥面板下装设的绝缘杆来进行调节的。

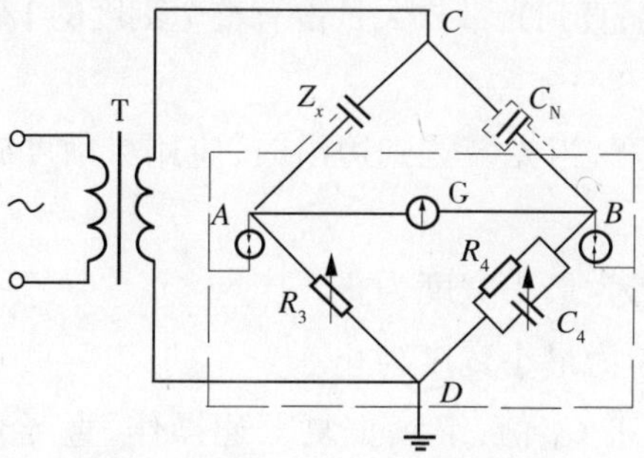

图 5-2　西林电桥正接线原理图

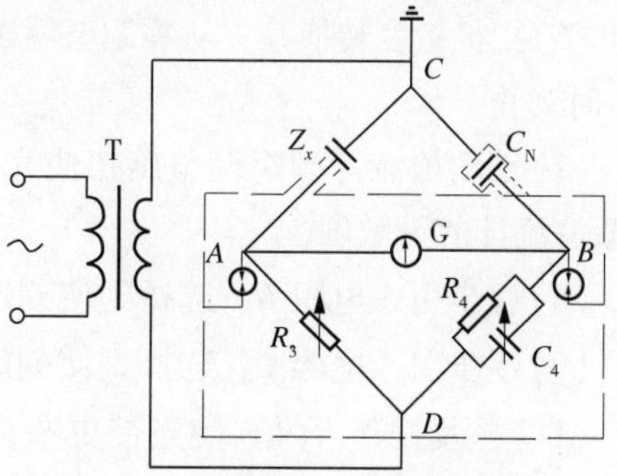

图 5-3　西林电桥反接线原理图

三、QS1 型西林电桥的使用

（一）QS1 型西林电桥的接线方式

1. 正接线

该接线要求试品两端对地绝缘，电桥处于低电位，试验电压不受电桥绝缘水平限制，易于排除高压端对地杂散电流对实际测量结果的影响，抗干扰性强。

2. 反接线

该接线适用于试品一端接地。测量时，电桥处于高电位，试验电压受电桥绝缘水平限制，高压端对地杂散电流不易消除，抗干扰性差。反接线时，应当注意电桥外壳必须接地，桥体引出的 C_x、C_N 及 E 线均处于高电位，必须保证绝缘，要与接地体外壳保持至少 100 mm 的距离。

3. 侧接线

该接线适用于试品一端接地，而电桥又没有足够绝缘强度。进行侧接线测量时，试验

电压不受电桥绝缘水平限制。由于该接线电源两端都不接地,电源间干扰和几乎全部杂散电流均引入了测量回路,测量结果误差大,因而很少被采用。

4. 低压法接线

在电桥内装有一套低压电源和标准电容器,这种方法一般只用来测量电容量。

(二)QS1 型西林电桥的操作步骤

(1)根据现场试验条件、试品类型选择试验接线,合理安排试验设备、仪器仪表及操作人员的位置和安全措施。应检查试验接线是否正确。

(2)将 R_3、C_4 及检流计灵敏度置于“零位”位置,极性开关置于“断开”位置。

(3)根据试品电容电流的大小,确定分流电阻 r 的位置。如预先不知道试品的电容量,可先将 r 置于最大一挡(1.25 A),应在试验变压器高压线圈的接地端串接一只交流毫安表,直接测量电容电流。

(4)将电桥上的光源开关合上,检查在标尺上的窄光带,并用调节旋钮将光带调节至零点。

(5)把极性开关置于“ $+\tan\delta$”位置。

(6)把灵敏度转换开关从零调至零以后的位置,直到光带放大且占有整个刻度的 1/3 ~ 1/2 时为止。

(7)转动检流计频率调整旋钮使光带达到最宽,当光带宽到边沿时,应用灵敏度旋钮降低检流计的灵敏度。

(8)逐步引入电阻 R_3,选择到使刻度上的光带为最小宽度为止。

(9)逐步引入电容 C_4,选择到使刻度上的光带为最小宽度为止。

(10)重复校正 R_3 值,使光带更窄,然后再校正 C_4 值,继续重复上述操作,直至光带收小到开始的宽度(1 ~2 mm)。

(11)逐步增加灵敏度,重复上述操作步骤,直到灵敏度为 10 时,电桥平衡。

(12)记录电阻 R_3、滑线电阻 R_p 及 $C_4(\tan\delta)$的值,并记录分流器旋钮的位置及极性开关与电源转换开关(控制调压器的极性改变)的位置。

(13)降低检流计灵敏度后,把极性开关“ $+\tan\delta$”转换至另一位置(接通 2),校正电桥的调整装置,重新测得 R_3、R_p 及 $C_4(\tan\delta)$的值。

(14)试验结束后,把灵敏度开关转至“零位”位置、极性开关转至“断开”位置、试验电压降至零,切除电源,高压引线临时接地。

试品电容量的计算方法如下所述:

分流器旋钮在 0.01 A 时,$C_x=\dfrac{C_N R_4}{R_3+\rho}$。

分流器旋钮在其他位置时,$C_x=\dfrac{C_N R_4(100+R_3)}{r(R_3+\rho)}$($r$ 可由电桥说明书查得)。

实际测量结果可取两次测量的平均值。

第三节　影响 $\tan\delta$ 测量的因素

在现场运行的高压电力设备附近进行 $\tan\delta$ 测量时，往往会出现周围带电部分对仪器造成的干扰，给测量带来误差。干扰主要有电场干扰和磁场干扰两种。

一、电场干扰

电场干扰主要是由干扰电源通过带电设备与被试设备之间的电容耦合造成的。当电桥接线接好后，合上试验电源前，先投入检流计，并逐渐增加灵敏度，观察检流计。如果检流计光带明显扩宽（或指针指示电流增加），则说明存在电场干扰，光带越宽说明干扰越强。

为了避免干扰，消除或减小由电场干扰所引起的误差，可采取下列措施：

（一）尽量远离干扰源

在无法远离干扰源时加设屏蔽，用金属屏蔽罩或网将试品与干扰源隔开，并将屏蔽罩与电桥的屏蔽相连，以消除杂散电容的影响。

（二）尽量采用正接线

实践证明，正接线抗干扰性能比反接线强。

（三）提高试验电压

试验电压提高，通过试品的电容电流增大，信噪比提高，干扰电流对 δ 角的影响相对减小。这种方法适用于弱干扰信号的消除。

（四）采用移相电源

在有干扰的情况下，若能使流过试品的电流与干扰电流同相或反相，则测得的 $\tan\delta$ 就与试品真实值一致，只是电容量 C_x 有差别，应反相再测一次，取平均值便可得到实际值。

应用移相电源消除干扰时，在试验前先将 Z_x 短接，将 R_3 调到最大，使干扰电流尽量通过检流计，并调节移相电源的相角和电压幅值，使检流计指示达最小。这表明流过试品的电流与干扰电流相位相反，移相任务已完成，即可除去电源电压，保持移相电源相位，拆除 Z_x 间的短接线，然后正式开始测量。若在电源电压正、反相两种情况下测得的 $\tan\delta$ 值相等，说明移相效果良好。此时测得的 $\tan\delta$ 为真实值。用移相法基本上可消除同频率的电场干扰所造成的测量误差。

（五）采用倒相法

测量时将电源正接和反接各测一次，得到两组测量结果 $\tan\delta_1$、C_1 和 $\tan\delta_2$、C_2，然后进行计算，取两次测量结果的平均值作为试品的 $\tan\delta$、C_x。

二、磁场干扰

当电桥靠近电抗器、阻波器等漏磁通较大的设备时，会受到磁场干扰。这一干扰通常是由磁场作用于电桥检流计内的电流线圈回路引起的。

现场测试时，将西林电桥检流计的极性转换开关放在“断开”位置，如果光带展宽即说明有磁场干扰。磁场干扰将造成 $\tan\delta$ 值测量误差，使其增大或减小。

消除磁场干扰的方法：一种是将电桥移到磁场干扰范围以外；另一种是在检流计极性转换开关处于两种不同位置时，调节电桥平衡，求得每次平衡时试品的 $\tan\delta$ 值和 C_x 值，然后再求取两次的平均值，以消除磁场的干扰。

第四节　测量 $\tan\delta$ 时的注意事项

测量 $\tan\delta$ 试验时的注意事项主要有以下几方面：

(1)无论采用任何接线方式，电桥本体必须良好接地。

(2)反接线时，三根引线都处于高电位，必须悬空，与周围接地体应保持足够的绝缘距离，此时标准电容器外壳带高电压，也不应有接地的物体与外壳相碰。

(3)为防止检流计损坏，应在检流计灵敏度最低时接通或断开电源。

(4)在体积较大的设备中存在局部绝缘缺陷时，测总体的 $\tan\delta$ 不易反映；而对体积较小的设备就比较容易发现绝缘缺陷。因此，对能分开测试的试品应尽量分开测试。

(5)一般绝缘的 $\tan\delta$ 值随温度的上升而增大，故应尽量在温度相近的条件下测 $\tan\delta$ 值，并以此作相互比较。通常以 20 ℃时的 $\tan\delta$ 值作标准(绝缘油例外)。为此，一般要求在 10 ~ 30 ℃范围内测量。

(6)试验时试品的表面应当干燥、清洁，以消除表面泄漏电流的影响。

(7)在进行变压器、电压互感器等中绕组的 $\tan\delta$ 值和电容值的测试时，应将被试设备所有绕组的首尾短接起来，否则会产生很大的误差。

第五节　$\tan\delta$ 测量值的分析判断

绝缘的 $\tan\delta$ 值是判断设备绝缘状态的重要参数之一，所以对其测量结果应进行分析判断。分析判断 $\tan\delta$ 测量值的基本方法如下。

一、与《规程》的规定值比较

例如，对某变电所一台 SFZ1 - 8000 kVA/35 kV 型电力变压器进行试验，试验数据如表 5-1 所示。

表 5-1　SFZ1 - 8000 kVA/35 kV 型电力变压器 $\tan\delta$ 值的测量结果

接线方式	试验电压(kV)	$\tan\delta$(%)	C_x(pF)
高 - 低及地	10	0.486	6 509
低 - 高及地	10	0.487	10 510

注：试验接线采用反接线，环境温度 18 ℃。

分析如下：将试验结果与《规程》的规定值比较，《规程》规定 35 kV 及以下的电力变压器，测得的 $\tan\delta$ 值不大于 1.5%，可见试验测量结果远小于《规程》的规定值，变压器此项目试验合格。

二、根据 tanδ 的测量值的变化进行分析判断

当绝缘有缺陷时，并不一定引起 tanδ 值增加，有时也会使 tanδ 值下降。例如，某变电所一台 120000/220 型自耦变压器，在安装过程中发现进水受潮，但测得的 tanδ 值却下降，试验数据如表 5-2 所示。

表 5-2　120000/220 型自耦变压器 tanδ 值的测量结果

接线方式	出厂试验（35 ℃）		交接试验（36 ℃）		进水受潮后（36 ℃）	
	tanδ（%）	C_x（pF）	tanδ（%）	C_x（pF）	tanδ（%）	C_x（pF）
高、中－低及地	0.4	13 100	0.4	13 100	0.2	13 390
低－高、中及地	0.3	14 300	0.4	14 340	0.1	14 640
高、中、低－地	0.4	13 600	0.4	13 640	0.2	14 010

由表 5-2 可见，变压器受潮后，其 tanδ 明显减小，而 C_x 却增加。

分析如下：当变压器进水受潮后，一方面使其绝缘的等值相对电容介电常数 ε 增加，从而使电容量增加。电容量增加，又会导致无功功率 Q 增加。另一方面还会使绝缘的电导增大，从而使泄漏电流增大，这就导致有功功率 P 增加。因为 $\tan\delta = P/Q$，所以 tanδ 值既有可能增加，也有可能减小，还有可能不变。在这种情况下，若再测量电容量，则有助于综合分析，确定绝缘是否真正受潮。

另外，若绝缘中存在的局部放电缺陷发展到在试验电压下完全击穿并形成低阻短路，也会使 tanδ 值明显下降。因此，现场用 tanδ 值进行电力设备绝缘分析时，要求 tanδ 值不应有明显的增加和降低，即要求 tanδ 值在历次试验中不应有明显的变化。

二、根据电容量的变化进行分析判断

根据现场测试经验，虽然 tanδ 值没有超过《规程》的规定值，但可从电容量的变化进行分析、判断，检查出绝缘缺陷。例如，某发电厂一台 JCC2－110 型电压互感器的 tanδ 值没有超过规定值的 3.5%，然而 C_x 却下降了 25%，试验数据如表 5-3 所示。

表 5-3　JCC2－110 型电压互感器的测量结果（20 ℃）

测试次数	测试参数		变化率	
	tanδ（%）	C_x（pF）	tanδ（%）	C_x（pF）
1	0.5	617	+448	－24.95
2	2.74	463		

分析如下：这是电压互感器中介电常数较大的油被介电常数较小的空气取代所造成的结果。经检查，该电压互感器瓷套内的油所剩无几。

本章小结

本章介绍了 $\tan\delta$ 测量的原理及意义，重点介绍了 QS1 型高压西林电桥的工作原理，对试验测量设备、试验接线、操作方法、影响 $\tan\delta$ 测量的因素及注意事项等也进行了较详细的介绍。

通过学习应了解 $\tan\delta$ 测量试验的原理，重点掌握 $\tan\delta$ 测量试验的操作方法，提高对试验中可能出现的异常现象及试验结果的分析判断能力。

习　题

5-1　引起电介质损耗的原因有哪些？

5-2　简述 $\tan\delta$ 测量的原理。

5-3　$\tan\delta$ 为什么能反映介质损耗的大小？

5-4　为什么在交流电压下的介质损耗常用介质损耗因数来表示？

5-5　测量 $\tan\delta$ 能发现什么类型的缺陷？不易发现什么类型的缺陷？为什么？

5-6　说明西林电桥的工作原理，比较正、反接线的优缺点。

5-7　电力设备绝缘的 $\tan\delta$ 值为什么不能有明显的变化？电容值增大或减小的原因可能是什么？

5-8　简述影响介质损耗因数 $\tan\delta$ 的因素。

第六章　局部放电试验

第一节　局部放电试验的目的及意义

局部放电是设备绝缘内部存在弱点或生产过程中造成的缺陷，在高电场强度作用下发生重复击穿和熄灭的现象。它表现为绝缘内部气体的击穿、小范围内固体或液体介质的局部击穿或金属表面的边缘及尖角部位场强集中引起局部击穿放电等。这种放电的能量是很小的，所以它的短时存在并不影响到电气设备的绝缘强度。但若电气设备的绝缘在运行电压下不断出现局部放电，这些微弱的放电将产生累积效应，会使绝缘的介电性能逐渐劣化，并使局部缺陷扩大，最后导致整个绝缘击穿。

虽然局部放电会使绝缘劣化而导致损坏，但它的发展是需一定时间的，发展时间与设备本身的运行状况、局部放电种类、产生位置及设备的绝缘结构等多种因素有关。因此，一个绝缘系统寿命与放电量的关系很大，这也是该项测试技术有待研究的一个课题。总的来讲，对一个绝缘系统的好坏进行判断的依据是其局部放电越小越好，对于各种电气设备，现行标准规定局部放电量水平主要是考虑了现行普通工艺条件下，以及保证设备在正常运行条件下的使用寿命。对于新设备来讲，放电量应不超过规定值，但超过了标准也不能说不可运行。据大量试验可这样认为：超过标准1倍的放电量对设备的影响还是不大的；超标1～4倍时需分析原因及监视运行；而超标达10倍或更多，则设备就可能存在严重的隐性故障，一般都会在2个月或2年之间暴露出来，并且各种隐性故障往往是其他绝缘试验（包括交流1 min耐压）检查不出来的。因此，测试电气设备的局部放电特性是目前预防电气设备故障的一种好方法。

第二节　局部放电的机制

一、局部放电的分类及定义

局部放电是指发生在电极之间但并未贯通电极的放电，这种放电可能出现在固体绝缘的空穴中，也可能在液体绝缘的气泡中，或不同介电特性的绝缘层间，或金属表面的边缘尖角部位。所以，按放电类型的不同，大致可分为绝缘材料内部放电、表面放电及高压电极的尖端放电。

二、局部放电的几个主要参量

(一)局部放电的视在电荷

它是指将该电荷瞬时注入试品两端时,引起试品两端电压的瞬时变化量与局部放电本身所引起的电压瞬时变化量相等的电荷量,视在电荷一般用 pC(皮库)来表示。

(二)局部放电的试验电压

它是指在规定的试验程序中施加的规定电压,在此电压下,试品不呈现超过规定量值的局部放电。

(三)规定的局部放电量值

在某一规定电压下,对某一给定的试品,在标准或规范中规定的局部放电参量的数值称为规定的局部放电量值。

(四)局部放电起始电压

它是指当加于试品上的电压从未测到局部放电的较低值逐渐增加时,直至在试验测试回路中观察到产生这个放电值的最低电压。实际上,起始电压是局部放电量值等于或超过某一规定值的最低电压。

(五)局部放电熄灭电压

它是指当加于试品上的电压从已测到局部放电的较高值逐渐降低时,直至在试验测量回路中观察不到这个放电值的最低电压。实际上,熄灭电压是局部放电量值等于或小于某一规定值时的最低电压。

三、内部放电

如绝缘材料中含有气隙、杂质、油隙等,这时可能会在介质内部或介质与电极之间出现的放电,称为内部放电。其放电特性与介质特性及夹杂物的形状、大小和位置等有关系。

在交流电压下,内部放电的等效电路说明,如图 6-1 所示。

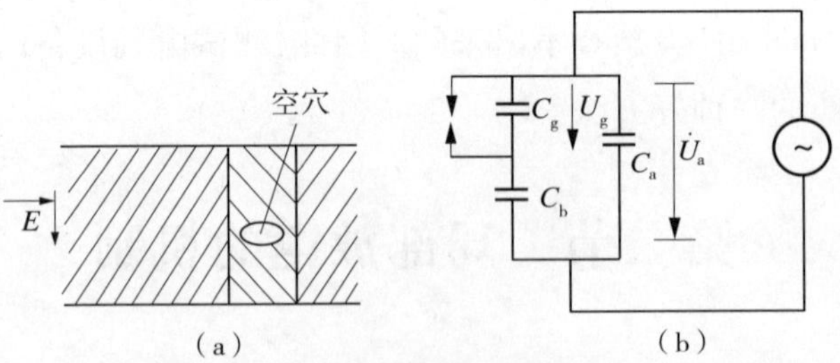

图 6-1　内部放电的等效电路

图 6-1 中,C_g 表示空穴电容;C_b 表示绝缘介质与空穴串联部分的电容; C_a 表示介质其余部分的电容。当外施电压 U_a 上升,直至空穴电压达到空穴击穿电压值 U_g 时,空穴开始放电,也即发生局部放电。放电的产生与介质内电场的分布有关,空穴与介质完好部分的电压分布或电场强度的分布关系如下。

由图 6-1 可知,绝缘介质的总电容为

$$C_x = C_a + \frac{C_g C_b}{C_g + C_b} \tag{6-1}$$

如果空穴具有夹层形状，且与电场的电力线垂直，如以 d_d 表示空穴串联部分的介质厚度，d_g 表示空穴厚度，则由式(6-1)可知，空穴与其串联部分介质的总电容为

$$C_n = \frac{C_g C_b}{C_g + C_b} \tag{6-2}$$

因为介质电容充电电荷 $q = CU$，$C = \varepsilon \dfrac{S}{d}$，设 q_n 为空穴电容的充电电荷，E_g、ε_g 和 E_b、ε_b 分别表示空穴及其串联部分的电场强度和介电常数，则空穴上电压为

$$U_g = \frac{q_n}{C_g} \tag{6-3}$$

空穴中的电场强度为

$$E_g = \frac{U_g}{d_g} = \frac{q_n}{d_g C_g} = \frac{U_a}{d_g C_g} \cdot \frac{C_g C_b}{C_g + C_b} = \frac{U_a}{d_g} \cdot \frac{C_b}{C_g + C_b}$$

$$= \frac{U_a \dfrac{\varepsilon_b}{d_b}}{d_g\left(\dfrac{\varepsilon_g}{d_g} + \dfrac{\varepsilon_b}{d_b}\right)} = \frac{U_a \varepsilon_b}{\varepsilon_g d_b + \varepsilon_b d_g} \tag{6-4}$$

式中　d_g——空穴的厚度；

d_b——与其串联部分完好介质的厚度。

而介质中的平均场强为

$$E_{av} = \frac{U_a}{d_g + d_b} \tag{6-5}$$

空穴场强 E_g 与平均场强 E_{av} 之比则为

$$\frac{E_g}{E_{av}} = \frac{1 + \dfrac{d_g}{d_b}}{\left(\dfrac{\varepsilon_g}{\varepsilon_b}\right) + \left(\dfrac{d_g}{d_b}\right)} \tag{6-6}$$

在实际情况下，由于空穴 $d_g \ll d_b$，则 $\dfrac{d_g}{d_b} \ll 1$，所以场强比式中可忽略 $\dfrac{d_g}{d_b}$，则式可变为

$$\frac{E_g}{E_{av}} = \frac{\varepsilon_b}{\varepsilon_g} \quad 或 \quad E_g = \frac{\varepsilon_b}{\varepsilon_g} E_{av} \tag{6-7}$$

由式(6-7)可见，在工频交流电场下，空穴中分配到的场强等于介质中平均电场强度的 $\varepsilon_b/\varepsilon_g$ 倍，而在一般绝缘介质中，引起局部放电的空穴大多数为气体。因此，一般认为 $\varepsilon_g = 1$，而介质的介电常数 $\varepsilon_b > 2$，常用介质相对介电常数见表6-1。例如，环氧树脂 $\varepsilon_r = 3.8$，所以气穴中的电场强度比绝缘介质完好部分所承受的场强高 3.8 倍。再者，气体的击穿场强又比固体介质的击穿场强低，当外施电压达一定值时，气穴首先被击穿，而周围介质仍然保持完好的绝缘特性，由此也就形成了局部放电。

表 6-1　常用介质相对介电常数

材料名称	临界场强（kV/cm）	相对介电常数	材料名称	临界场强（kV/cm）	相对介电常数
空气	25 ~ 30	1.000 58	瓷	100 ~ 200	5.5 ~ 6.5
六氟化硫	80	1.002	聚四氟乙烯	100	3.0 ~ 3.5
变压器油	50 ~ 250	2.2 ~ 2.5	有机玻璃	200 ~ 300	3.0 ~ 3.5
硅油	100 ~ 200	2.6	环氧树脂	200 ~ 300	3.8
石蜡	100 ~ 150	2.0 ~ 2.5			

空穴内单位时间内的放电次数与外施电压的频率及幅值有关。当绝缘介质上外施电压 U_a 上升，使空穴电压 U_c 达到其击穿电压 U_g 时，则空穴出现放电击穿，见图 6-2。

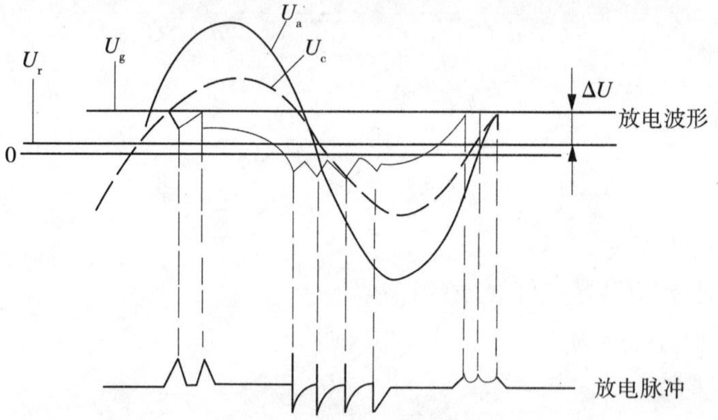

U_a—外施电压；U_c—空穴电压；U_g—空穴击穿电压；ΔU—空穴电压变化量；
U_r—空穴放电熄灭（残余）电压

图 6-2　内部放电次数及电压波形

空穴放电时，空穴的电压瞬时下降，当电压下降到 U_r 时，放电熄灭。空穴放电时的电压下降时间很短，约为 10^{-7} s，这个时间与 50 Hz 电源的周期相比是非常小的，因此可将它看做是一脉冲波。放电熄灭后，空穴的电压重新建立，该电压由空穴残余电荷电压与电源电压叠加，当其达到 U_g 时，又产生一次放电。当电源反相时，上述现象再次出现，如此重复，形成了连续的局部放电脉冲。

由此可看出，内部局部放电总是出现在电源周期中的第一或第三象限，每个周期的平均放电次数与外施电压 U_a 有关，每个周期的放电次数随着 U_a 的上升而增加，大约呈直线关系。每个周期出现的局部放电脉冲可在局部放电测量仪的显示器上观察脉冲或放大波形分析，如图 6-3 所示。

当绝缘介质内出现局部放电后，外施电压在低于起始电压的情况下，放电也能继续维持。该电压在理论上可比起始电压低一半，即绝缘介质两端的电压仅为起始电压的一半。这个维持到放电消失时的电压称为局部放电熄灭电压。而实际情况与理论分析有差别，

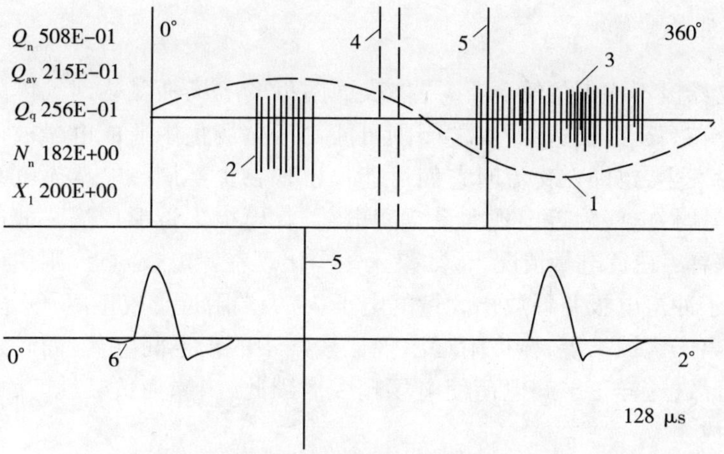

1—50 Hz 电压波;2—接地尖端电晕;3—高压电极尖端电晕;

4—外部干扰脉冲;5—光标;6—放大显示的一次放电脉冲

图 6-3　周期的放电波形

在固体绝缘中,熄灭电压比起始电压低 5% ~20% 。在油浸纸绝缘中,由于局部放电引起气泡迅速形成,所以熄灭电压低得多。这也说明在某种情况下,电气设备存在局部缺陷而正常运行时,局部放电量较小,也就是运行电压尚不足以激发大放电量的放电。当系统有一过电压干扰时,则触发幅值大的局部放电,并在过电压消失后,如果放电继续维持,最后将导致绝缘加速劣化及损坏。

四、表面放电

如在电场中介质有一平行于表面的场强分量,当这个分量达到击穿场强时,则可能出现表面放电。这种情况可能出现在套管法兰处、电缆终端部,也可能出现在导体和介质弯角表面处,见图 6-4。在介质与电极间的边缘处,r 点的电场有一平行于介质表面的分量,当电场足够强时则产生表面放电。在某些情况下,空气中的起始放电电压可以计算。

表面局部放电的波形与电极的形状有关,当电极为不对称时,则正负半周的局部放电幅值是不相等的,见图 6-5。当产生表面放电的电极处于高电位时,在负半周出现的放电脉冲较大、较稀,在正半周出现的放电脉冲较密,但幅值小。此时,若将高压端与低压端对调,则放电图形亦相反。

图 6-4　介质表面出现的局部放电

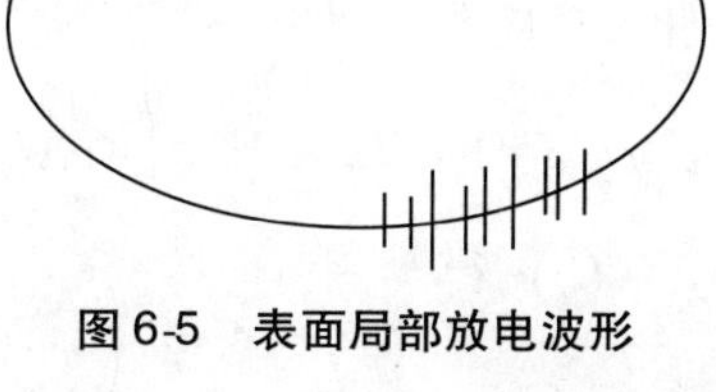

图 6-5　表面局部放电波形

五、电晕放电

电晕放电是在电场极不均匀的情况下，导体表面附近的电场强度达到气体的击穿场强时所发生的放电。在高压电极边缘，尖端周围可能由于电场集中造成电晕放电。电晕放电在负极性时较易发生，也即在交流时它们可能仅出现在负半周。电晕放电是一种自持放电形式，发生电晕时，电极附近出现大量空间电荷，在电极附近形成流注放电。现以棒－板电极为例来解释：在负电晕情况下，如果正离子出现在棒电极附近，则由电场吸引并向负电极运动，离子冲击电极并释放出大量的电子，在尖端附近形成正离子云。负电子则向正极运动，然后离子区域扩展，棒极附近出现比较集中的正空间电荷，而较远离电场的负空间电荷比较分散，这样正空间电荷使电场畸变。因此，当棒为负极性时，棒极附近的电场增强，较易形成。

在交流电压下，当高压电极存在尖端，电场强度集中时，电晕一般出现在负半周，或当接地电极也有尖端点时，则出现负半周幅值较大、正半周幅值较小的放电。

六、放电量与各参数间的关系

在放电过程的第一阶段，空穴电容 C_g 两端的电压很快地从 U_g 下降到 U_r，U_r 为空穴残余电压。如 C_g 上的脉冲电流为 $i_r(t)$，则 C_g 上的电压为

$$U'_c(t)=U_g-\frac{1}{C_s}\int_0^t i_r(t)\,\mathrm{d}t$$

式中

$$C_s=C_g+\frac{C_aC_b}{C_a+C_b}$$

因此

$$U_g-U_r=U_g-U'_c(\infty)=\frac{1}{C_s}\int_0^\infty i_r(t)\,\mathrm{d}t$$

则一个脉冲放电的电荷（称为真实放电量）q_r 的计算式为

$$q_r=\int_0^\infty i_r(t)\,\mathrm{d}t=(U_g-U_r)C_s=(U_g-U_r)\left(C_g+\frac{C_aC_b}{C_a+C_b}\right) \tag{6-8}$$

但从式(6-8)可看出，U_g、U_r 等参数都是在实际试品中不可能知道的，绝缘中的缺陷也是各不相同的，这样从试验中要测出真实放电则是不可能的。

由图6-1可知，C_g 与 $\frac{C_aC_b}{C_a+C_b}$ 并联，C_g 上电压变化 (U_g-U_r) 时，C_g 上的电压变化为 $(U_g-U_r)\frac{C_a}{C_a+C_b}$。因外施电压是作用在 C_a 上的，当 C_g 上电压变化 (U_g-U_r) 时，外施电压的变化 ΔU 应为

$$\Delta U=\frac{C_b}{C_a+C_b}(U_g-U_r)$$

消去 (U_g-U_r)，得

$$\Delta U=\frac{C_bq_r}{C_gC_a+C_gC_b+C_aC_b}$$

如介质两端的电荷变化 $q=\frac{C_b}{C_g+C_b}q_r$，则有

$$\Delta U=\frac{q(C_g+C_b)}{C_gC_a+C_gC_b+C_aC_b}=\frac{q}{C_a+\frac{C_bC_g}{C_b+C_g}}\approx\frac{q}{C_a} \tag{6-9}$$

式(6-9)表示由于放电引起的施加到绝缘上电源侧端电压的变化，式中 q 为放电引起绝缘介质的转移电荷，称为视在放电量。C_g 间的脉冲电流和电压变化见图6-6。

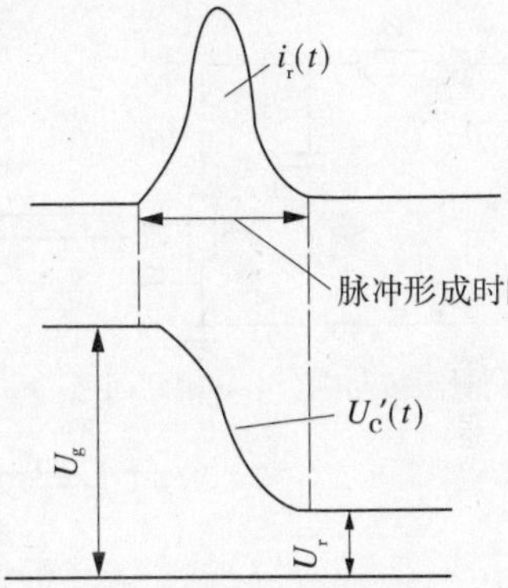

图6-6　C_g 间的脉冲电流和电压变化

在实际试验中，由于放电空穴两端的电压变化不能得知，则真实放电量 q_r 是不能测得的。但由于放电引起电源输入端的电压变化 ΔU、绝缘介质整体电容 C_a 可测得，则由局部放电引起的视在放电量 q 可求得。所以，在局部放电试验中，由局部放电仪所测得的值是以 pC 为单位的视在放电量，是在真实放电量不可能测出的情况下的一种变通方法。在实际运用中，通常以视在放电量的大小来判断绝缘的优劣。

第三节　脉冲电流法测量原理及方法

一、局部放电测量法

局部放电测量法包括以下几种。

(一)无线电干扰测量法(RIV 法)

局部放电产生的脉冲信号频谱很宽，从几千赫到几十兆赫，故利用无线电干扰测量法，通过试品两端直接耦合或天线等其他采样元件耦合，测量试品的局部放电脉冲信号。

(二)放电能量法

局部放电伴随着能量损耗，可以用电桥来测量一周期的放电能量，也可以用微处理机直接测量放电功率。

(三)脉冲电流法

由于局部放电产生电荷交换，产生高频电流脉冲，通过与试品连接的检测回路产生电压脉冲，将此电压脉冲经过合适的宽带放大器放大后由仪器测量或显示出来。这种方法灵敏度高，是目前国际电工委员会推荐进行局部放电测试的一种通用方法，此种方法在下面作详细介绍。

二、脉冲电流法

(一)试验回路

测量局部放电的基本回路有三种，如图 6-7 所示，其中图 6-7(a)、(b)分别为测量阻抗与耦合电容串联回路、测量阻抗与试品串联回路，可统称为直接法测量回路；图 6-7(c)称为平衡法测量回路。

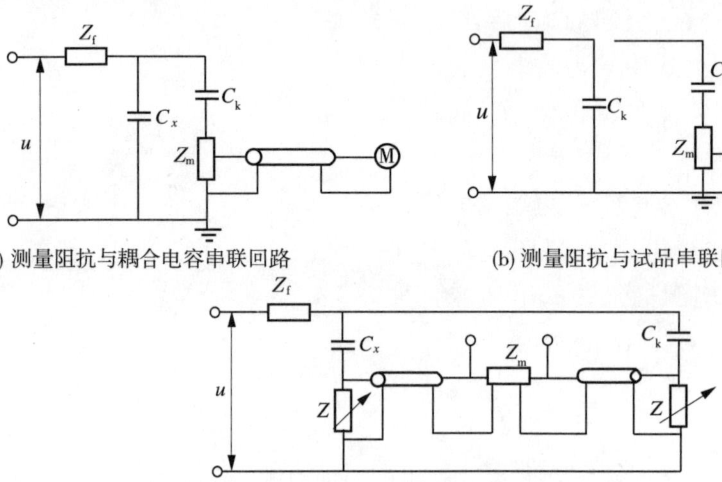

(a) 测量阻抗与耦合电容串联回路

(b) 测量阻抗与试品串联回路

(c) 平衡法测量回路

Z_f—高压滤波器；C_x—试品等效电容；C_k—耦合电容；Z_m—测量阻抗；

Z—调平衡元件；M—测量仪器

图 6-7　局部放电测量的基本回路

图 6-7 中，C_k 为无局部放电的耦合电容。测量阻抗 Z_m 是一个四端网络的元件，它可以是电阻 R 或电感 L 的单一元件，也可以是由电阻、电感、电容组成的 RLC 调谐回路。调谐回路的频率特性应与测量仪器的工作频率相匹配。测量阻抗应具有限制试验电源频率进入仪器的频率响应。连接测量阻抗和测量仪器中的放大单元连线，通常为单屏蔽同轴电缆。Z_f 为高压滤波器，用以降低来自电源的干扰，也能适当提高测量回路的最小可测量水平。

(二)试验回路的选择

上述的三种试验回路一般可按下面基本原则选择：

(1)试验电压下，试品的充电电流超出测量阻抗 Z_m 的电流允许值或试品的接地部位固定接地时，可采用如图 6-7(a)所示试验回路。

(2)试验电压下，试品的充电电流符合测量阻抗 Z_m 的电流允许值时，可采用图 6-7(b)所示试验回路。

(3)试验电压下，图 6-7(a)、(b)所示试验回路有过高的干扰信号时，可采用图6-7(c)所示试验回路。

当用 Model5(英国 Robinson 公司制造)及类似的测量仪器时，应使 C_k 和 C_x 串联后的等效电容值在测量阻抗所要求的调谐电容 C 的范围内。

（三）测量仪器

1. 测量仪器的频带

常用的测量仪器的频带可分为宽频带和窄频带两种，其由下列参数确定。

（1）下限频率 f_1、上限频率 f_2。其定义为：对一恒定的正弦输入电压的响应 A，宽频带仪器分别自一恒定值下降 3 dB 时的一对（上、下限）频率；窄频带仪器分别自峰值下降 6 dB 时的一对（上、下限）频率，如图 6-8 所示。

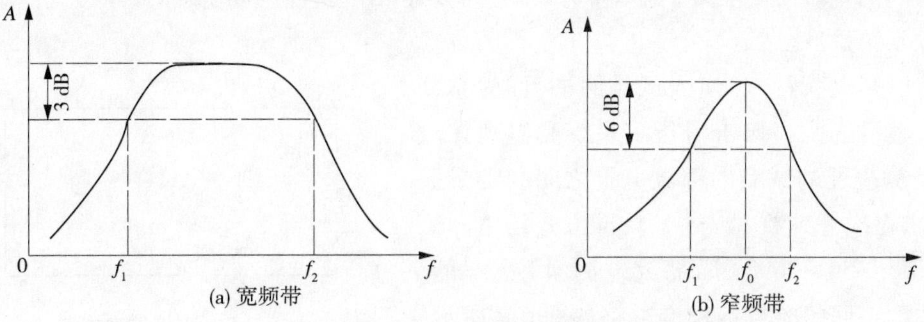

图 6-8　测量仪器的频带

（2）频带宽度 Δf。宽频带和窄频带两种仪器的频带宽度均定义为 $\Delta f = f_2 - f_1$。宽频带仪器的 Δf 与 f_2 有同一数量级；窄频带仪器 Δf 的数量级小于 f_2 的数量级。

（3）谐振频率 f_0。窄频带仪器的响应具有谐振峰值，相应的频率称为谐振频率。

2. 现场测量时仪器的选择

现场进行局部放电试验时，可根据环境干扰水平选择相应的仪器。当干扰较强时，一般选用窄频带测量仪器，如 $f_0 = 30 \sim 200$ kHz，$\Delta f = 5 \sim 15$ kHz；当干扰较弱时，一般选用宽频带测量仪器，如 $f_1 = 10 \sim 20$ kHz，$f_2 = 80 \sim 400$ kHz。对于 $f_2 = 1 \sim 10$ kHz 的很宽频带的仪器，具有较高的灵敏度，适用于屏蔽效果好的实验室。

3. 指示系统

局部放电的测量仪器按所测定参量可分为不同类别。目前有标准依据的是测量视在放电量的仪器，这种仪器的指示方式通常是示波屏与峰值电压表（pC）或数字显示仪并用。用示波屏是必须的。示波屏上显示的放电波形有助于区分内部局部放电和来自外部的干扰。

放电脉冲通常显示在测量仪器的示波屏的椭圆基线上。测量仪器的扫描频率应与试验电源的频率相同。

（四）视在放电量的校准

确定整个试验回路的换算系数 K，称为视在放电量的校准，换算系数 K 受回路 C_x、C_k、C_s（高压对地的杂散电容）及 Z_m 等元件参量的影响。因此，试验回路每改变一次必须进行一次校准。

1. 校准的基本原理

视在放电量校准的基本原理是：以幅值为 U_0 的方波通过串接标准电容 C_0 注入试品两端，此注入的电荷量为

$$Q_0 = u_0 C_0$$

式中 Q_0——电荷量,pC;

C_0——校准电容,pF;

u_0——方波电压值,V 。

2. 校准方波的波形

校准方波的上升时间应使通过校准电容 C_0 的电流脉冲的持续时间比 $1/f_2$ 要短,校准方波的上升时间不应大于0.1 μs,衰减时间通常在 100 ~1 000 μs 内选取。

3. 直接校准

将已知电荷量 Q_0 注入试品两端,称为直接校准。其目的是直接求得指示系统和以视在放电量 Q 为表征的试品内部放电量之间的定量关系,即求得换算系数 K。这种校准方式是由国家标准 GB 7354—2003《局部放电测量》推荐的。直接法测量回路的直接校准电路如图 6-9 所示,其方法是:接好整个试验回路,将已知电荷量 $Q_0 = u_0 C_0$ 注入试品两端,则指示系统响应为 L'。

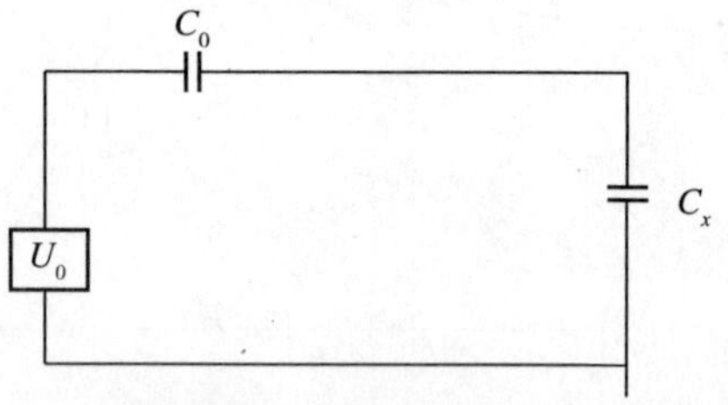

图 6-9 直接校准电路

取下校准方波发生器,加电压试验,当试品内部放电时,指示系统响应为 L,由此可得换算系数 K 为

$$K = \frac{L}{L'}$$

则视在放电量 Q 为

$$Q = u_0 C_0 K$$

式中 Q——视在放电量,pC;

u_0——方波电压值,V;

C_0——校准电容,pF;

K——换算系数。

为了使校准保证有一定的精度,C_0 必须满足

$$C_0 < 0.1\left(C_x + \frac{C_k C_m}{C_k + C_m}\right)$$

$$C_0 > 10 \text{ pF}$$

式中 C_m——测量阻抗两端的等值电容。

4. 间接校准

将已知电荷量 Q_0 注入测量阻抗 Z_m 两端,称为间接校准。其目的是求得回路衰减系数 K_1。试验校准接线如图 6-10 所示。

在图 6-7 中,测量阻抗 Z_m 的两端按图 6-10 接线,注入已知电荷量 Q_0 值。按直接校准一样求出回路衰减系数 K_1。

但对于高压对地的总杂散电容 C_s，其值随试品和试验环境的不同而变化，是个不易测得的不定值。因此，通常以测量的方式求得，其方法是：接好整个试验回路，将已知电荷量 Q_0 注入测量阻抗 Z_m 两端，则指示系统响应为 β；再以一等值的已知电荷量 Q_0 注入试品 C_x 两端，则指示系统响应为 β'。这两个不同的响应之比即该回路衰减系数 K_1，即

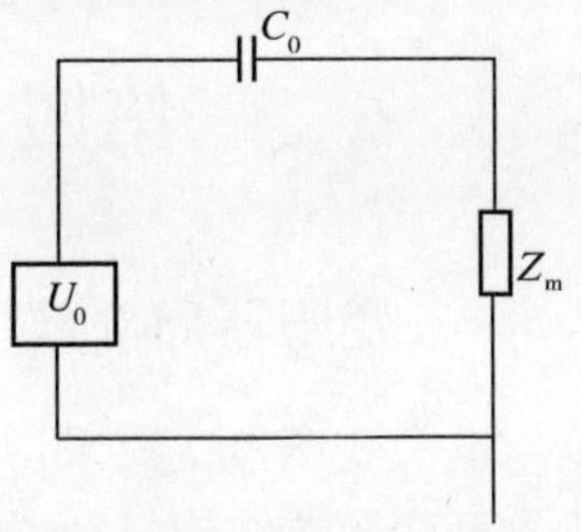

图 6-10　间接校准法

$$K_1 = \frac{\beta}{\beta'} > 1$$

则视在放电量为

$$Q = K_1 u_0 C_0$$

直接法校准时，加电压试验的校准方波发生器需脱离试验回路，不能与试品内部放电脉冲进行直观比较。

间接法校准时，校准方波发生器可接在试验回路，并能与试品内部放电脉冲进行直观比较。因此，目前国内外的许多检测仪器均设计成具有间接校准的功能。

计算与实测表明，只要存有很小杂散电容 C_s，则回路衰减系数 K_1 会产生很大的误差，因此在许多情况下，杂散电容是不能忽略的。此时，图 6-7 中的前两种校准接线的回路衰减系数 K_1 可按下面方法计算。

直接法接线时，Z_m 与 C_k 串联接线，此时有

$$K_1 = 1 + \frac{C_x}{C_k} + \frac{C_s}{C_k}$$

当杂散电容 C_s 的影响可忽略时，图 6-7 中的前两种接线方式的回路衰减系数为

$$K_1 = 1 + \frac{C_x}{C_k}$$

直接法接线时，Z_m 与 C_k 并联接线，此时有

$$K_{1s} = 1 + \frac{C_x}{C_k + C_s}$$

平衡法接线时，若 C_k 和 C_k 与对地杂散电容 C_s 接近，则当电桥平衡时，分布电容 C_s 对称，$K_1 = 1$。

5. 校准时的注意事项

(1) 校准方波发生器的输出电压 U_0 和串联电容 C_0 的值要用一定精度的仪器定期测定。例如，U_0 一般可用经校核好的示波器进行测定；C_0 一般可用合适的低压电容电桥或数字式电容表测定。每次使用前，应检查校准方波发生器电池是否充足电。

(2) 从 C_0 到 C_x 的引线应尽可能短直，C_0 与校准方波发生器之间的连线最好选用同轴电缆，以免造成校准方波的波形畸变。

(3) 当更换试品或改变试验回路任一参数时，必须重新校准。

第四节　电力变压器局部放电试验

一、变压器局部放电分类及试验目的

电力变压器主要采用油－纸屏障绝缘，这种绝缘由电工纸层和绝缘油交错组成。由于大型变压器结构复杂、绝缘很不均匀，当设计不当，造成局部场强过高、工艺不良，或外界原因等因素造成内部缺陷时，在变压器内必然会产生局部放电，并逐渐发展，最后造成变压器损坏。电力变压器内部局部放电主要以下面几种情况出现：

(1)绕组中部油－纸屏障绝缘中油通道击穿。

(2)绕组端部油通道击穿。

(3)紧靠着绝缘导线和电工纸(引线绝缘、搭接绝缘、相间绝缘)的油间隙击穿。

(4)线圈间(匝间、饼间)纵绝缘油通道击穿。

(5)绝缘纸板围屏等的树枝放电。

(6)其他固体绝缘的爬电。

(7)绝缘中渗入的其他金属异物放电等。

因此，对已出厂的变压器，有以下几种情况须进行局部放电试验：

(1)新变压器投运前，进行局部放电试验，检查变压器出厂后在运输、安装过程中有无绝缘损伤。

(2)对大修或改造后的变压器进行局部放电试验，以判断修理后的绝缘状况。

(3)对运行中怀疑有绝缘故障的变压器作进一步的定性诊断，如油中气体色谱分析有放电性故障，以及涉及绝缘其他异常情况。

(4)作为预防性试验项目或在线检测内容，监测变压器运行中的绝缘状况。

二、测量回路接线及基本方法

(一)外接耦合电容接线方式

对于高压端子引出套管没有尾端抽压端或末屏的变压器可按图6-11所示回路连接。

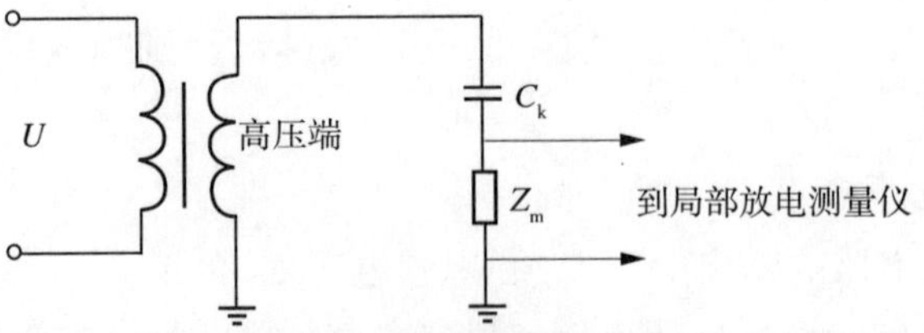

图6-11　外接耦合电容接线方式

110 kV以上的电力变压器一般均为半绝缘结构，且试验电压较高，进行局部放电测量时，高压端子的耦合电容都用套管代替，测量时将套管尾端的末屏接地打开，然后串入检测阻抗并接地，测量接线回路如图6-12、图6-13所示。

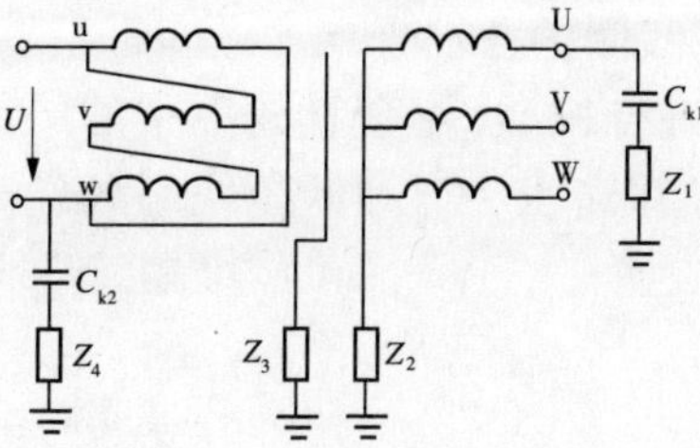

图 6-12　中性点接地方式接线

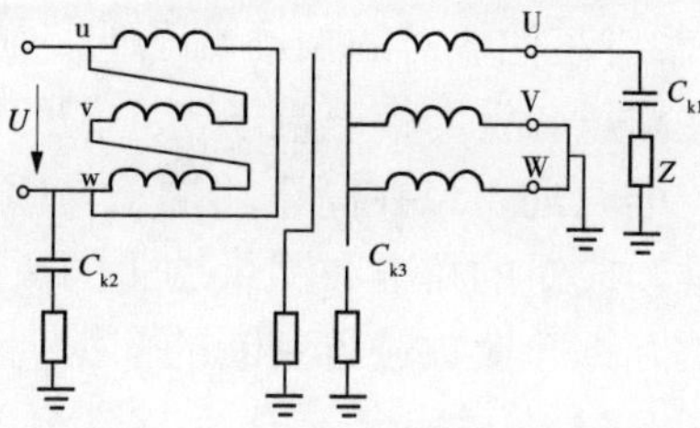

图 6-13　中性点支撑方式接线

实际现场测量时，通常采用逐相试验法，试验电源一般采用 100 ~ 150 Hz 倍频电源发电机组。当现场不具备倍频电源时，也可用工频逐相支撑加压的方式进行试验。中性点支撑方式接线如图 6-13 所示。

因为大型变压器绝缘结构比较复杂，用逐相加压的方式还有助于判别故障位置。

加压方法可采用低压侧加压，在高压侧感应获得试验电压。用倍频电源加压时，则可达到对主绝缘和纵绝缘同时进行考核。但若采用工频电源进行试验，由于过励磁的限制，试验电压只能加到额定电压的 1.1 ~ 1.2 倍。

(二)多端子测量方法("多端标准"局部放电定位法)

任何一个局部放电源，均会向变压器的所有外部接线的测量端子传输信号，而这些信号形成一种独特的"组合 U"。如果将校准方波分别注入各绕组的端子，则这些方波同样会向变压器外部接线的测量端子传输信号，而形成一种校准信号的独特"组合 V"。

如果在"组合 U"(变压器内部放电时各测量端子的响应值)中，某些数据与"组合 V"(校准方波注入时各测量端子的响应值)相应数据存在明显相关性时，则可认为实际局部放电源与该对校准端子密切相关(见表 6-2)。这就意味着，通过校准能粗略地定出局部放电的位置。

表 6-2　局部放电源与相应校准端子的关系

校准	通道			
	1.1	2.1	2.2	3.1
	任意单位			
1.1—地 2 000 pC	50	20	5	11
2.1—地 2 000 pC	5	50	30	8
2.2—地 2 000 pC	2	10	350	4
3.1—地 2 000 pC	3	2	35	25
试验				
$U=0$	< 0.5	< 0.5	< 0.5	< 0.5
$U=U_m/\sqrt{3}$	< 0.5	< 0.5	0.5	0.5
$U=1.5U_m/\sqrt{3}$	6	40	25	8

实际方法如下：

当校准方波发生器接到一对规定的校准端子上时，应观察所有成对的测量端子的响应，然后对其他成对的校准端子重复做此试验。应在线圈的各端子与地之间进行校准，也可以在高压套管的带电端子与它们的电容抽头之间进行校准(对套管介质中的局部放电进行校准)，还可以在高压端端子与中性点端子，以及在高压绕组和低压绕组各端子间进行校准。成对的校准和测量端子的所有组合，形成一种“组合 V”，即“校准矩阵”，从而作为对实际试验读数进行判断的依据。

图 6-14 表示一台带有第三绕组的超高压单相自耦变压器的局部放电定位例子，校准和试验都是在表 6-2 所列的端子上进行的。将$1.5U_m/\sqrt{3}$这一行的试验结果与各种校准结果进行对比，显然可见它和“2.1—地”这一行的校准响应值相关。可以认为在 2.1 端子出现了约 2 000 pC 的局部放电，并且还可以认为局部放电部位约在带电体(2.1 端子)对地之间。结构位置或许在串联线圈与公共线圈之间连线上的某一位置，也可能在邻近线圈的端部。

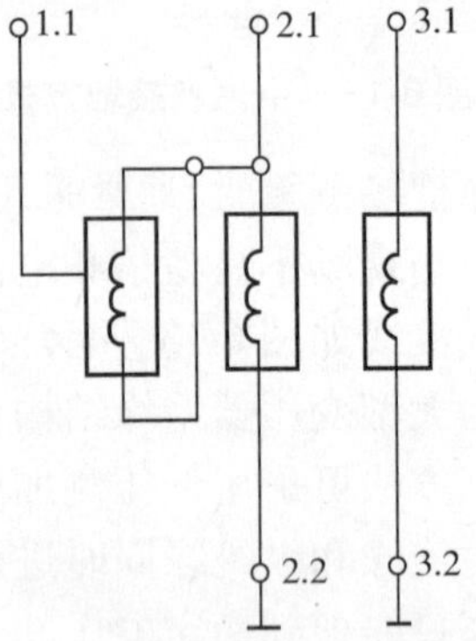

图 6-14　用“多端子测量”和“组合”法来确定局部放电源的位置

上述方法主要用在当一个局部放电源是明显的且背景噪声比较低的情况下，但并不是总出现这种情况。当需确定所观察到的局部放电是否发生在高压套管介质中时，可利用由套管出线端子与套管电容抽头间的校准来分析。

当发现变压器存在超过标准的量值或较大的个别脉冲时，可利用电测法多端校正、多点测量来粗略地判断放电部位。首先，利用分相测试判断放电在变压器的哪一相，然后在变压器的高压、中压、中性点套管的末屏以及铁芯接地点串入检测阻抗，在低压侧接一耦合电容(1 000 ~6 000 pF)，串入检测阻抗，如图 6-12 和图 6-13 所示。由此，在变压器做某一相试验时，就可有 4 ~5 个测点，分别以高压对地、低压对地、中压对地、铁芯对地注入标准校正方波，相应地在各测点分别测得某注入点的方波的响应系数，并记录各点的校正系数。

校正完毕后，加压进行测量，各个测点的测量值都分别以某注入点的校正系数来计算。如果各测点以某点校正的参数计算出的几个结果值接近，则放电位置就在该校正点附近。例如，在 U 相高压端子有一故障放电脉冲，以高压端校正时，分别在高压测点测得校正响应系数为 K_{11}，在中性点测得为 K_{21}，在铁芯侧测得为 K_{41}，在低压侧测得为 K_{31}，见表 6-3。然后测量时，各计算值高压以 K_{11} 计，中性点以 K_{21} 计，铁芯以 K_{31} 计，低压以 K_{41} 计，由此计算出的 4 个结果应相近。

表 6-3　方波校正测量数据

测试点 / 注入点	U 相				测试点 / 注入点	U 相			
	高压 Z1	中压 Z2	低压 Z3	铁芯 Z4		高压 Z1	中压 Z2	低压 Z3	铁芯 Z4
高压 - 地	K_{11}	K_{21}	K_{31}	K_{41}	低压 - 地	K_{13}	K_{23}	K_{33}	K_{43}
中压 - 地	K_{12}	K_{22}	K_{32}	K_{42}	铁芯 - 地	K_{14}	K_{24}	K_{34}	K_{44}

三、试验标准及判据

按现行国家标准 GB 109.3《电力变压器第三部分　绝缘水平和绝缘试验》中规定的变压器局部放电试验的加压时间及步骤，如图 6-15 所示。

具体试验步骤如下所述：

首先，试验电压升到 U_2 进行测量，保持 5 min。然后，试验电压升到 U_1，保持 5 s；最后，电压降到 U_2 再进行测量，保持 30 min。U_1、U_2 的电压规定值及允许的放电量为：

$U_1 = U_m$，$U_2 = 1.5U_m/\sqrt{3}$ 时，允许放电量 $Q <$ 500 pC；$U_2 = 1.3U_m/\sqrt{3}$ 时，允许放电量 $Q <$ 300 pC（其中，U_m 为设备最高工作电压）。

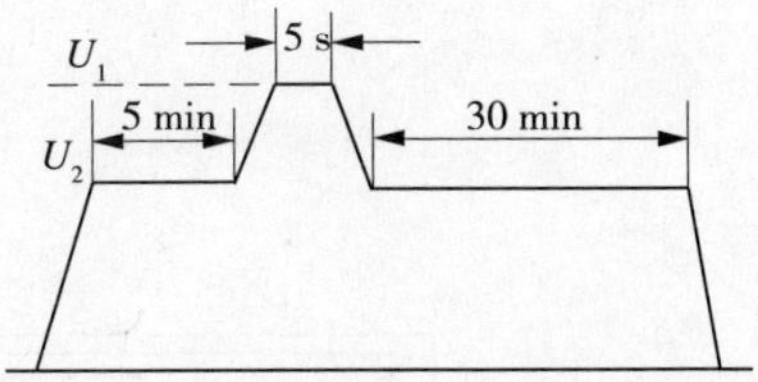

图 6-15　变压器局部放电试验的加压时间及步骤

试验前，记录所有测量电路上的背景噪声水平，其值应低于规定的视在放电量的 50%。

测量应在所有分级绝缘绕组的线端进行。对于自耦连接的一对较高电压、较低电压绕组的线端，应同时测量，并分别用校准方波进行校准。在电压升至 U_2 及由 U_2 再下降的过程中，应记下起始、熄灭放电电压。

在整个试验时间内，应连续观察放电波形，并按一定的时间间隔记录放电量 Q_0，放电量的读取以相对稳定的最高重复脉冲为准，偶尔发生的较高的脉冲可忽略，但应作好记录备查。整个试验期间，试品不发生击穿。在 U_2 的第二阶段的 30 min 内，所有测量端子测得的放电量 Q 应连续地维持在允许的限值内，并无明显地、不断地向允许的限值内增长的趋势，则试品合格。

如果放电量曾超出允许的限值，但之后又下降并低于允许的限值，则试验应继续进行，直到此后 30 min 的期间内，局部放电量不超过允许的限值，试品才合格。利用变压器套管电容作为耦合电容 C_k，并在其末屏端子对地串接测量阻抗 Z_k。

四、加压方法及回路接线

工频降低电压的试验方法有三相励磁法、单相励磁法和各种形式的电压支撑法。现推荐下述两种方法。

（一）单相励磁法

单相励磁法利用套管作为耦合电容器 C_k，其接线如图 6-16 所示。这种方法较为符合变压器的实际运行状况。图 6-16 中同时给出了双绕组变压器各铁芯的磁通分布及电压相量图（三绕组变压器的中压绕组情况相同）。

由于 W 相（或 U 相）单独励磁时，各柱磁通 Φ_U、Φ_V、Φ_W 分布不均，U、V、W（或 U_m、V_m、W_m）感应的电压又服从于 $E = 4.44f_w\Phi_i$ 规律，因此根据变压器的不同结构，当对 W 相励磁的感应电压为 U_W 时，V 相的感应电压约为 $0.7U_W$，U 相的感应电压约为 $0.3U_W$（若 U 相励磁，则结果相反）。

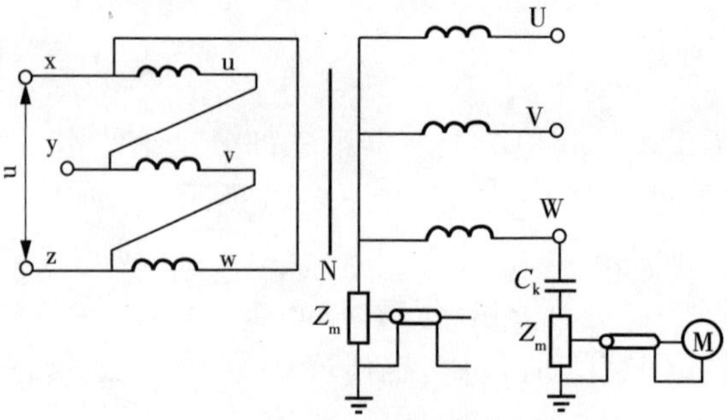

(a) W相励磁的试验接线

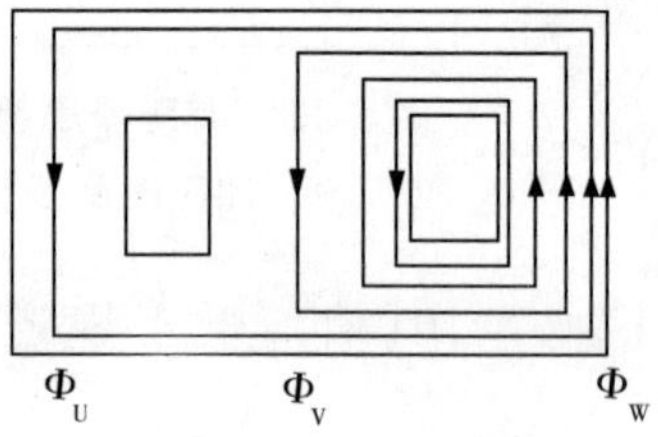

(b) 各柱磁通分布示意图

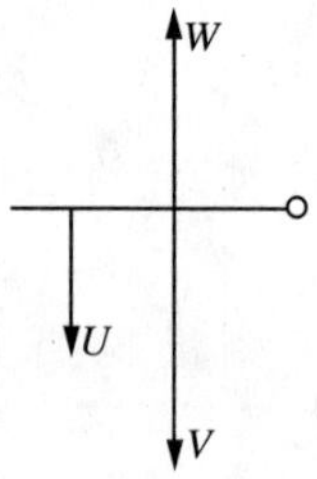

(c) 电压相量

图 6-16　单相励磁的试验接线、磁通分布示意及电压相量

当试验电压为 U 时,各相间电压为

$$U_{WV} \approx 1.7U,\ U_{WU} \approx 1.3U$$

当 U 相单独励磁时,各相间电压为

$$U_{VU} \approx 1.7U,\ U_{VW} \approx 1.3U$$

当 V 相单独励磁时,三相电压和相间电压为

$$U_U = U_W = \frac{1}{2}U_V$$

$$U_{VW} = U_{VU} = 1.5U$$

单相电源可由电厂发电机组单独供给,或以供电网络单独供给。选用合适的送电网络,如供电变压器、电缆送至试品,对于抑制发电机侧的干扰十分有效。变电所的变压试验,则可选合适容量的调压器和升压变压器。根据实际干扰水平,再选择相应的滤波器。

(二)中性点支撑法

将一定电压支撑于被试变压器的中性点(支撑电压的幅值不应超过被试变压器中性点耐受长时间工频电压的绝缘水平),以提高线端的试验电压的方法,称为中性点支撑法。支撑法有许多种,便于现场接线的支撑法如图 6-17 所示。

图 6-17(b)试验方法中,U 相绕组的感应电压 U_f 为 2 倍的支撑电压 U_0,则 U 相线端对地电压 U_A 为绕组的感应电压 U_f 值与支撑电压 U_0 的和,即 $U_A = 3U_0$,这就提高了 U 相绕组的线端试验电压。

根据试验电压的要求,应适当选择放电量小的支撑变压器的容量和电压等级,并进行必要的电容补偿。电容补偿的原则是根据励磁电流值来确定的。按图 6-17 接线,对一台

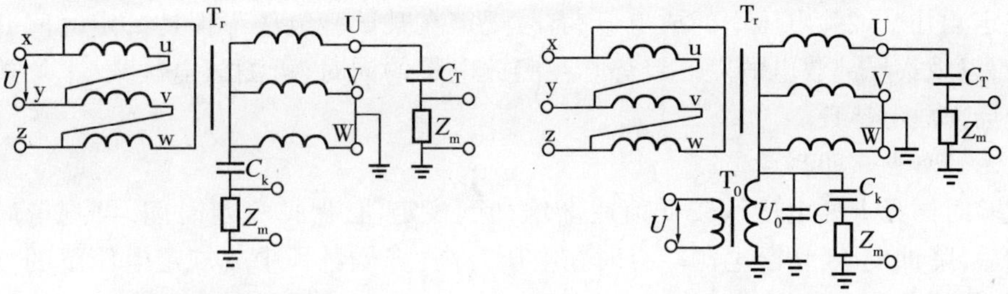

(a) 低压侧加压法　　　　(b) 中性点加压法

C_T—变压器套管电容；C_k—耦合电容；T_0—支撑变压器；C—补偿电容；

U_0—支撑电压；Z_m—测量阻抗；T_r—被试变压器

图 6-17　中性点支撑法的接线

15000 kVA/220 kV 变压器实测时，若需施加 150 kV 试验电压（相对地有效值），则可选择支撑变压器参数为 100 kVA/50 kV，此时补偿电容约为 0.04 μF。图 6-17（a）接线的试验方法和原理与图 6-17（b）基本相同。

五、局部放电测量程序

（一）试品预处理

试验前，试品应按有关规定进行预处理：

（1）试品表面保持清洁、干燥，以防绝缘表面潮气或污秽引起的局部放电。

（2）试验期间，试品应处于环境温度。

（3）试品在前一次机械、热或电气作用以后，应静放一段时间后再进行试验，以减少上述因素对本次试验结果的影响。

（二）检查测试回路本身的局部放电水平

先不接试品，仅在试验回路施加电压。如果在略高于试品试验电压下仍未出现局部放电，则测试回路合格；如果其局部放电干扰水平超过或接近试品放电量最大允许值的 50%，则必须找出干扰源，并采取措施以降低干扰水平。

（三）测试回路的校准

在加压前，应对测量回路中的仪器进行例行校正，以确定接入试品时测量回路的刻度系数，该系数受回路特性及试品电容的影响。

在已校正的回路灵敏度下，观察未接通高压电源及接通高压电源后是否存在较大的干扰，如果有干扰应设法排除。

（四）测定局部放电起始电压和熄灭电压

拆除校准装置，其他接线不变，在试验电压波形符合要求的情况下，电压从远低于预期的局部放电起始电压加起，按规定速度升压，直至放电量达到某一规定值，此时的电压即为局部放电起始电压。而后电压增加 10%，然后降压直到放电量等于上述规定值，对应的电压即为局部放电的熄灭电压。测量时，不允许所加电压超过试品的耐受电压。

（五）测量规定试验电压下的局部放电量

表征局部放电的参数都是在特定电压下测量的，它可能比局部放电起始电压高得多。

有时规定测几个试验电压下的放电量,有时规定在某试验电压下保持一定时间并进行多次测量,以观察局部放电的发展趋势。在测放电量的同时,可测放电次数、平均放电电流及其他局部放电参数。

1. 无预加电压的测量

试验时试品上的电压从较低值逐渐增加到规定值,保持一定时间,再测量局部放电量。然后,降低电压,切断电源。有时在电压升高、降低过程中或规定电压下的整个试验期间,测量局部放电量。

2. 有预加电压的测量

试验时,电压从低值逐渐升高,超过规定的局部放电试验电压后,升到预加电压,维持一定的时间,再降到试验电压值,并维持规定时间,然后按给定的时间间隔测量局部放电量。在施加电压的整个期间内,应注意局部放电量的变化。

本章小结

局部放电是指发生在电极之间但并未贯穿电极的放电。它是由于设备绝缘内部存在弱点或生产过程中造成的缺陷,在高电场强度作用下发生重复击穿和熄灭的现象。它表现为绝缘内部气体的击穿、小范围内固体或液体介质的局部击穿或金属表面的边缘及尖角部位场强集中引起局部击穿放电等。这种放电的能量是很小的,所以它的短时存在并不影响到电气设备的绝缘强度。但若电气设备的绝缘在运行电压下不断出现局部放电,这些微弱的放电将产生累积效应,会使绝缘的介电性能逐渐劣化,并使局部缺陷扩大,最后导致整个绝缘击穿。

习 题

6-1 何谓局部放电?

6-2 为什么进行局部放电试验之前先进行校准?

6-3 实际放电量和视在放电量的关系是什么?

6-4 何谓多端加压、多端测量?

6-5 变压器局部放电试验接线有几种?各有什么特点?

第七章　冲击耐压试验

第一节　冲击耐压试验的原理与意义

一、冲击耐压试验的意义

电力系统中的高压电气设备，除承受长期的工作电压外，在运行过程中还可能承受短时的雷电过电压和操作过电压的作用。冲击耐压试验就是用来检验高压电气设备在雷电过电压和操作过电压下的绝缘性能和保护性能。

通常高压电气设备在型式试验、出厂试验或大修后需要进行冲击耐压试验。冲击耐压试验分为雷电冲击耐压试验和操作冲击耐压试验，而雷电冲击耐压试验又分为全波耐压试验和截波耐压试验。

二、冲击电压发生器

冲击耐压试验的冲击试验电压由冲击电压发生器产生。通过改变元件的参数，既可产生雷电冲击电压，也可产生操作冲击电压。冲击电压发生器产生冲击电压的基本原理是利用高压电容器充电后对电阻、电容回路进行放电。图 7-1 为单级冲击电压发生器的原理接线图。

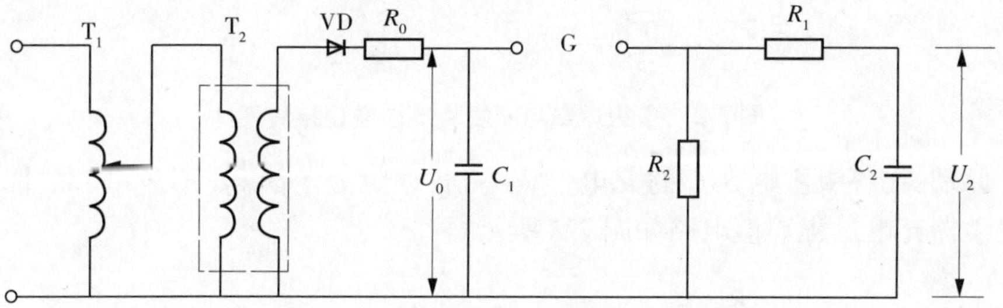

T_1—调压器；T_2—高压试验变压器；G—球间隙；VD—高压硅整流器；R_0—限流电阻

图 7-1　单级冲击电压发生器的原理接线图

图 7-1 中，C_2 为试品的端电容、测量用分压器电容、截断装置等值电容（若产生截断波）的组合；C_1 为主电容，$C_1 \gg C_2$。

工作原理：工频电压经高压试验变压器升压、整流后向高压电容器 C_1 充电，球间隙 G 处于隔离（不放电）状态，直至 C_1 上的充电至稳定电压 U_0（充电过程结束）。然后，球间隙 G 被点火放电，因 $R_2 \gg R_1$，C_1 上的电荷主要经过 R_1 放电，这种放电对 C_2 来说是经 R_1 的充电过程，由于 R_1 阻值较小，所以 C_2 上的电压急速上升，这就构成了冲击电压的波前部分。在这个阶段中，C_2 上的电压升高，而 C_1 上的电压下降。当 C_1、C_2 上电压相等时，

C_2 上的电压就不再升高，此时对应值为冲击电压的峰值。之后，C_1、C_2 上电荷共同通过 R_2 放电，由于 R_2 阻值较大，所以放电较缓慢，C_2 上的电压下降也较缓慢，这就构成了冲击电压的波尾部分。由此，R_1 称为波前电阻，R_2 称为波尾电阻，通过改变 R_1、R_2 的数值就可以产生雷电和操作冲击电压。

将 C_2 上的电压峰值 U 与冲击主电容 C_1 上的充电电压 U 之比称为冲击电压发生器的利用系数 η。对于图 7-1 所示的冲击电压发生器，若不考虑电阻 R_1、R_2 的影响（对 η 影响不大），则

$$\eta \approx \frac{C_1}{C_1 + C_2}$$

由此可见，C_1 比 C_2 大得越多，效率越高。

由于受到整流设备和电容器额定电压的限制，单级冲击电压发生器的最高电压一般不超过 300 kV。但实际的冲击耐压试验中，常常需要产生数千千伏的冲击电压，这只有采用多级电压发生器。

多级电压发生器的基本工作原理是，将多个（即多级）电容器先以并联方式进行充电，充电结束后，通过多个球隙的放电，将各个（级）电容器在一瞬间迅速串联起来向电阻电容回路放电，从而形成峰值很高的冲击电压。图 7-2 为多级冲击电压发生器的原理接线图。

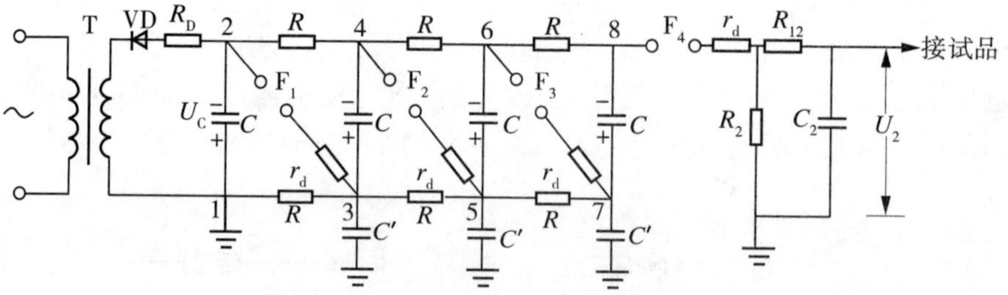

图 7-2　多级冲击电压发生器的原理接线图

工作原理：在各级主电容 C 的充电过程中，各球隙处于隔离（不放电）状态。多级冲击电压发生器充电过程等值电路如图 7-3 所示。

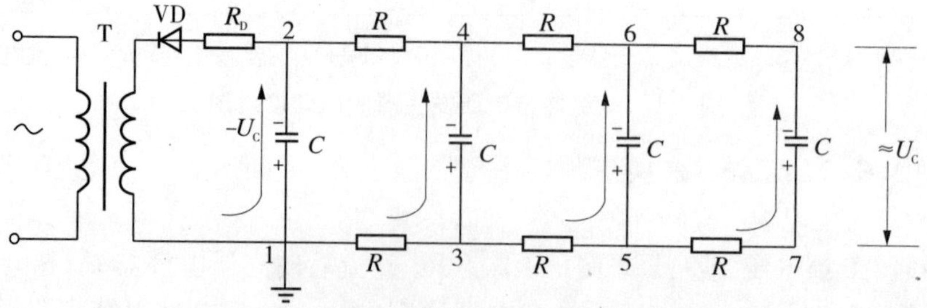

图 7-3　多级冲击电压发生器充电过程等值电路

工频电压升压整流后经保护电阻 R_D 和充电电阻 R，给并联的各级主电容 C 充电。充电结束时，节点 1、3、5、7 的电位为零，节点 2、4、6、8 的电位为 $-U_C$。由于充电电阻 R 在

后面电容器串联放电过程中起隔离作用，所以在实际中，R 一般取足够大，这样充电过程就需要一定时间。

主电容 C 充电结束后，用点火脉冲使第一个球隙 F_1（也称为点火球隙）点火击穿。F_1 被击穿后，直接将节点 2 和节点 3 连接起来（阻尼电阻 r_d 主要是为了消除在各级球隙放电时可能发生的、由某些杂散电容和寄生电感所引起的局部振荡，其阻值一般很小，仅数十欧姆，因此完全可以忽略它上面的压降）。此时，节点 3 的电位立刻由零变成 $-U_C$（节点 2 的电位），节点 4 的电位相应地变成 $-2U_C$。

此时 F_2 还尚未击穿，而节点 5 的电位改变，取决于该点对地杂散电容 C' 上的电位。该杂散电容 C' 将由第一级主电容 C，通过 F_1、r_d 和节点 3、5 之间的充电电阻 R 对其进行充电。由于 R 值很大，能在节点 3 和节点 5 之间起到很好的隔离作用，因此节点 5 上的杂散电容 C' 充电缓慢，暂时仍保持着原来的零电位，致使此时节点 5 的电位一时难以改变，仍然为零电位。这样，作用在火花间隙 F_2 上的电位差，将由原来的 U_C 变为 $2U_C$，F_2 将很快被击穿。

F_2 被击穿后，就使节点 4 和节点 5 连接起来。此时，节点 5 的电位由零突然变成 $-2U_C$（节点 4 的电位），节点 6 的电位相应地变成 $-3U_C$，而节点 7 的电位一时还难以改变，仍然为零电位。

这样，作用在火花间隙 F_3 上的电位差将由原来的 U_C 变为 $3U_C$，F_3 将以更快的速度击穿。

依次类推，F_4 也将在 $4U_C$ 的电位差作用下，加速击穿。

由此可见，在火花间隙 F_1 被点火击穿后，各级球隙 F_2、F_3、F_4 将分别在 $2U_C$、$3U_C$、$4U_C$ 的电位差作用下，依次加速击穿。

高压试验变压器 T 和高压硅整流器 VD 构成整流电源，经保护电阻 R_D 向主电容器 C 充电，充电到 U_C，出现在球隙 $F_1 \sim F_4$ 上的电位差也为 U_C，若事先将球间隙调到稍大于 U_C，球隙不会放电。当需要使冲击机动作时，可向点火球隙的针极送去一脉冲电压，针极和球皮之间产生一小火花，引起点火球隙放电，1 点电位由地电位变为 $+U_C$。F_1 上的电位差突然上升到 $2U_C$，F_1 马上放电。同理，F_2、F_3 也跟着放电，各级主电容串联起来了。最后，隔离球隙放电，此时输出电压为各级主电容 C 上电压的总和（$+4U_C$）。

上述过程可概括为“电容并联充电，而后串联放电”。由并联变成串联是靠一组球隙来达到的，要求这组球隙在 F_1 不放电时都不放电，一旦 F_1 放电，则按顺序逐个放电。满足这个条件的，称为球隙同步。

各级球隙被依次击穿后，全部电容器被串联起来，对波尾电阻 R_2 和波前电容 C_2 进行放电，向试品上输出一个幅值接近 $-4U_C$ 的负极性冲击电压波（只要把整流硅堆的极性对调一下，就可得到相应的正极性冲击电压波）。

考虑充电电阻 R 一般都取得足够大，在短暂的放电过程中，可以近似地看做开路，由此可得到多级冲击电压发生器放电过程等值电路，如图 7-4 所示。

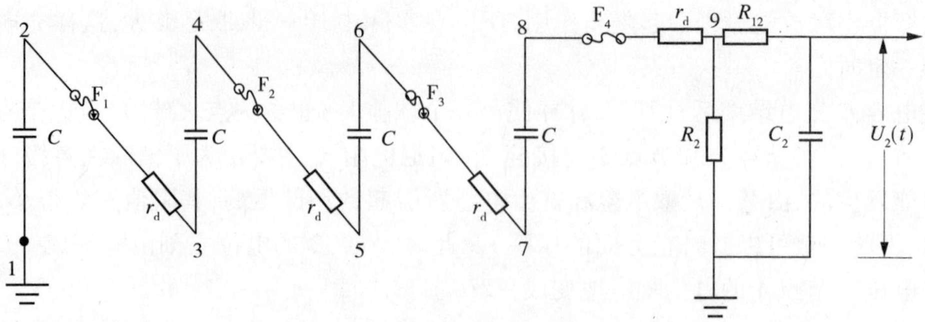

图7-4　多级冲击电压发生器放电过程等值电路

若忽略 R_{12} 的影响,此电压发生器的效率为

$$\eta \approx \frac{R_2}{R_{11}+R_2} \times \frac{C_1}{C_1+C_2}$$

其中

$$R_{11}=nr_d,\ C_1=\frac{C}{n}$$

国家标准规定,变压器类设备应进行雷电冲击截波试验,以模拟实际情况中绝缘子闪络或避雷器动作时造成的截波。产生截波的原理很简单,如图7-5所示,将一截断间隙与试品并联,调节间隙距离使之具有所需的击穿电压;冲击电压发生器送出一全波,由于截断间隙的击穿,作用在试品上的电压就是截波。以往截断间隙是用简单的棒间隙或球间隙,这个方法有较大的缺点。首先,必须精确地调节间隙距离,使其具有所需的截断时间,这就必须通过多次试验才能达到。在这多次试验时,试品是不允许接入的。但当正式试验时,由于试品的接入,参数变了,冲击波形(包括幅值)也就变了,从而截断间隙的截断时间就又不同于空载时调整好的数值了。其次,棒间隙本身截断时间的分散性很大,很难保证在需要的时间内动作。球间隙本身截断时间的分散性小,但球间隙截断只能发生在波前和波峰处,不可能发生在波尾。

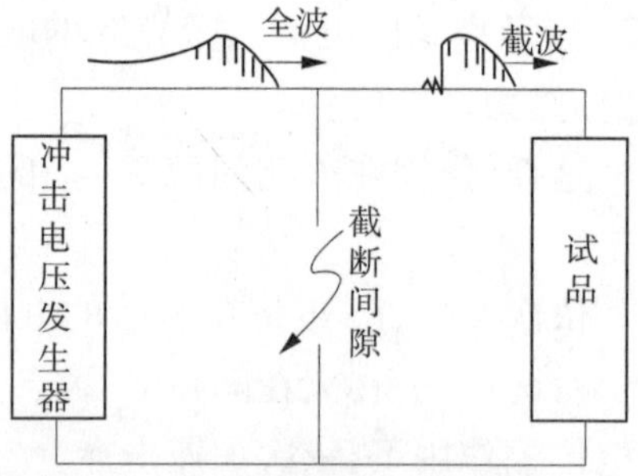

图7-5　产生冲击截波的示意图

为了得到截断时间很稳定的截波,截断间隙采用针孔球隙,并调节此球隙的无触发击穿电压略大于全波电压。

第二节　冲击电压的产生和测量

一、操作冲击电压的产生

操作冲击电压,有以下两种产生方法。

(一)利用冲击电压发生器产生操作波

冲击电压发生器可以产生雷电波,调节波头、波尾电阻,可以改变波头波长时间,加大波头、波尾电阻到合适的值，就可以得到标准所规定的操作波。在进行操作波的回路参数的计算时，需要注意：一是不能用计算标准雷电波的近似估算的方法来计算操作波的回路参数，否则将带来很大的误差；二是考虑充电电阻对波形的影响。

（二）利用被试变压器产生感应操作冲击电压

由 IEC 推荐的一种操作波发生器原理接线如图 7-6 所示。

主电容 C_0 事先用直流（工频电压升压、整流后获取）充电至稳定值 U_0，然后通过球隙 G 的点火击穿，使 C_0 上的电荷向被试变压器低压绕组放电，被试变压器高压绕组便会因电磁感应而基本上按变比产生高幅值的操作冲击电压波形，如图 7-7 所示。符合要求的操作冲击电压就可对高压绕组进行耐压考验，所以该项试验也称感应操作冲击耐压试验。

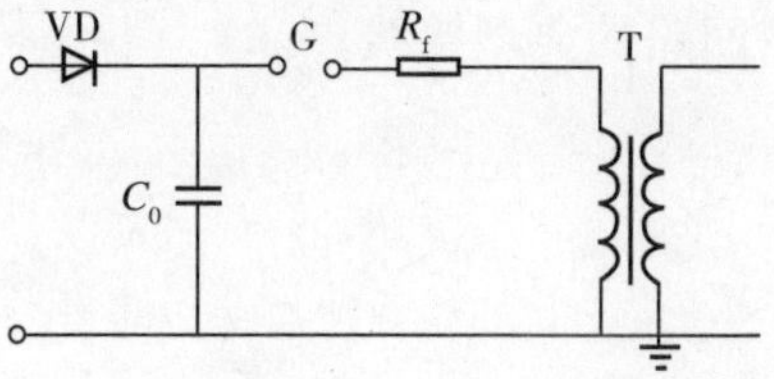

图 7-6　IEC 推荐的一种操作波发生器原理接线

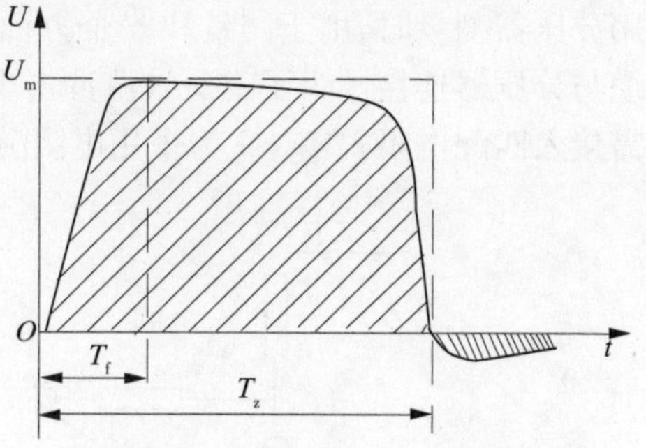

图 7-7　操作冲击电压波形

操作冲击电压波形的具体形成过程可以用图 7-8 所示的等值电路来解释。由于操作冲击试验电压的等值频率并不高，所以变压器仍可用 T 形电路来等值。L_1、L_2 代表低压绕组和高压绕组的漏抗；L_m 代表励磁电感；C_2 代表高压侧对地等效电容。各参数均为归算至低压侧后的量值。低压侧对地电容远小于 C_2，因此可忽略。

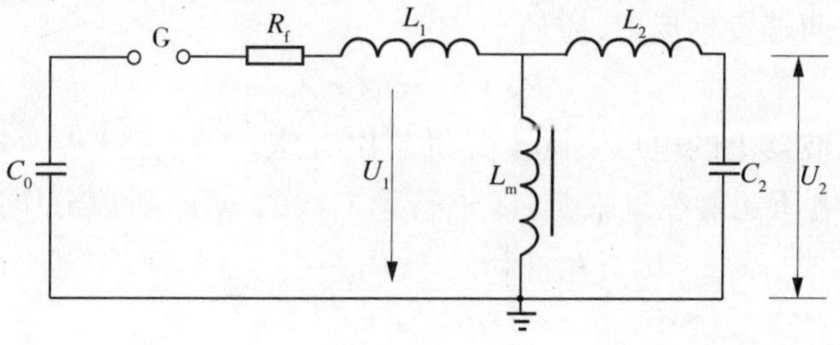

图 7-8　操作冲击电压波形的具体形成过程的等值电路

当主电容 C_0 上充电结束后，通过球隙 G 的点火击穿，经由 R_f、L_1、L_2 向 C_2 充电，使 C_2 上的电压快速升高，形成操作冲击电压的前波。当 C_2 上的电压升至与 C_0 上的电压（其随时间下降）相等时，C_2 上的电压达到峰值。之后，C_2 与 C_0 就共同经 L_m 缓慢放电，C_2 上的电压也缓慢下降，但 L_m 中的磁通量增加。当磁通量增加到饱和时，L_m 变得很小，C_0、C_2 上的电荷很快泄放完，C_2 上的电压随之急速降到零，但磁通量达到最大。之后，L_m 中的磁通能对 C_0、C_2 反向充电，形成尾部的振荡。由于电阻和铁芯中的损耗，这种振荡很快衰减至零。

二、冲击电压的测量

冲击电压测量系统的测量误差,国际规定全波幅值误差不超过3%,0.5 ~2 μs 截断时间内截波幅值误差不超过5%,波形时间参数测量误差不超过10%。为此,测量系统中分压器的误差不超过1%,示波器峰值测量误差不超过2%。常用的测量系统有:

(1)分压器配示波器测量峰值及波形。

(2)分压器配峰值电压表测量峰值。

(3)球隙测量峰值。

由于冲击电压存在的时间极短暂,所以要求示波器的方波响应时间小于200 ns。采用分压器测量时,由于测量和安全方面的原因,示波器(CRO)或峰值电压表通过一段电缆与分压器连接。为了避免被测冲击电压在电缆两端由于发生反射而引起的波形畸变,需接入匹配电阻。图7-9为采用电阻分压器测量回路的典型接线。

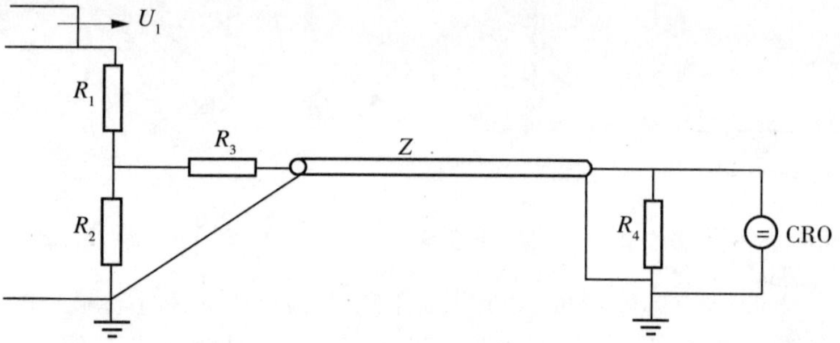

图7-9 电阻分压器测量回路

图7-9中 R_1、R_2 为分压器高、低压臂电阻,R_3、R_4 为匹配电阻,Z 为电缆的波电阻。为了防止波形在电缆两端发生反射,应使

$$R_2 + R_3 = R_4 = Z$$

此时出现在示波器上的电压实际上经过二次分压。一次是 $(R_3 + Z)$、R_2 的并联值与 R_1 的分压,分到的电压还要经过 R_3 与 Z 进行第二次的分压,所以分压比为

$$K = \frac{U_1}{U_2} = \frac{R_1 + [R_2 /\!/ (R_3 + Z)]}{[R_2 /\!/ (R_3 + Z)]} \times \frac{R_3 + Z}{Z}$$

采用电容分压器测量回路的典型接线如图7-10所示。

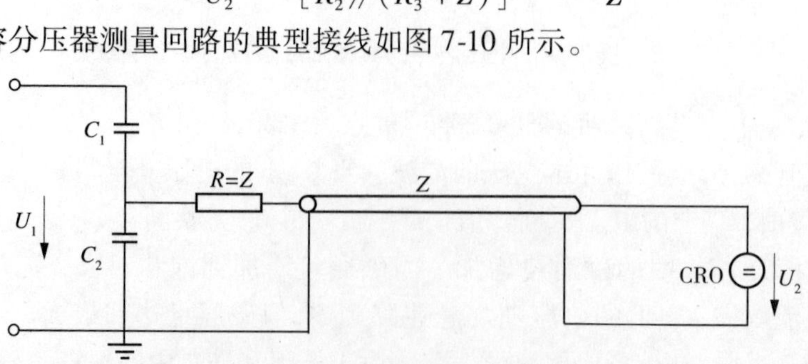

图7-10 电容分压器测量回路

分压器的高压臂为电容 C_1（数值一般为数百至数千皮法），低压臂为电容 C_2（数值视所需分压比而定）。C_1 通常由多个电容器串联而组成。U_1 电压经 C_1、C_2 分压后，又经 C_1、C_2 分到电压的一半，但此电压传至电缆末端时，发生波得到全反射，电压升高一倍，就刚好等于经 C_1、C_2 分压的电压，所以分压比为

$$K = \frac{U_1}{U_2} = \frac{C_1 + C_2}{C_2}$$

本章小结

本章介绍了冲击耐压试验的原理和意义，同时也对冲击电压的产生和测量进行了较详细的介绍。通过学习应了解冲击耐压试验的原理及意义，重点掌握冲击电压的测量试验的操作方法，提高对试验中可能出现的异常现象及试验结果的分析判断能力。

习　题

7-1　简述冲击耐压试验的意义。

7-2　简述冲击电压发生器的工作原理。

7-3　冲击电压的测量方法有哪些？

7-4　为什么变压器要进行操作波试验？

7-5　操作冲击电压是如何产生的？

第八章　绝缘油中溶解气体分析和故障判断方法

第一节　油中溶解气体分析的理论基础

浸绝缘油的电气设备中如果存在局部过热或局部放电等情况,就会使绝缘油或固体绝缘材料分解,产生各种烃类气体和H_2、CO_2、CO等气体。这些气体的一部分会溶解在油中。不同性质的故障,不同的绝缘物质,分解产生的气体成分是不同的。因此,分析油中溶解气体的组成成分、含量及其随时间增长的规律,就可以鉴别故障的性质、程度及其发展情况。这对于测定发展中的隐性故障是很灵敏的,故已列入绝缘试验标准,并制订了相应的试验导则,适用于变压器、电抗器、电流互感器、电压互感器、充油套管、充油电缆等。

设备在正常运行的过程中,绝缘油和有机绝缘材料也会逐渐老化、分解,产生某些气体,主要是CO和CO_2,还有些H_2和烃类气体,溶解于油中,但此时一般不会超过经验参考值。而当发生故障时,这些气体量将大大增加(超过经验参考值)。

第二节　分析方法

油中溶解气体分析采用质谱仪和气相色谱仪。目前,国内多采用气相色谱仪。分析油中溶解气体的工作要求较高,主要有以下几点要求。

一、分析人员要求素质高

分析油中溶解气体和气体继电器中气样,技术要求较高,而且工艺复杂,所以分析人员需经过专门培训和实习,经考核合格后才能担任。

二、分析人员应严格执行导则

分析人员应认真学习、理解并在工作中严格执行GB 7252—2001《变压器油中溶解气体分析和判断导则》(简称《导则》)。

三、取样

(一)取样方法的重要性

取样是变压器油试验的重要环节。取样方法是试验方法的重要内容之一。有些试验项目受取样方法的影响较小,如密度、运动粘度、界面张力、酸值等,而有些项目受取样方法的影响较大,如介质损耗因数、含水量、含气量、溶解气体色谱等。因此,国家专门制定了取样方法的标准,即 GB 7597—2007《电力用油(变压器油、汽轮机油)取样方法》。

(二)取样基本要求

1. 取样容器

对于不同试验项目,要用不同的容器取样。一般来说,含水量、含气量、溶解气体色谱分析用的油样要用注射器取得,其他项目用的油样用棕色磨口瓶取得。

2. 取样工具

用瓶子取样时,不用取样工具也能顺利取到符合要求的油样。用注射器或其他专用容器取样时,就要用取样工具。由于变压器取油阀不统一,所以取样工具也不统一。

最简单的取样工具就是一根聚乙烯塑料管或耐油橡胶软管。但必须注意,管材绝不能污染油样。将塑料管或橡胶管套到取油阀出油嘴上,拧开封油螺钉即可取样。因为管子一般要比注射器端孔粗,油样要取自一直向外流动的流油中,若借助一段变径管,也可以用三通控制阀取样。

3. 取样部位

确定取样部位应遵守两个原则:一是样品应能代表总体,二是要从油质可能最劣的部位取样。"代表总体"就是要避免取滞留于某一死角、有受外界污染嫌疑的油。"油质可能最劣的部位"是指当取样阀不止一个时,要使从油中取出的油的质量可能为最差的一个。一般情况下,若取样阀到主体油箱之间有管路,则管路中的油被认为是死角油。对于上、中、下都设有取样阀的变压器,从底部取样阀取出的油被认为是变劣可能性最大的油,所以一般应在设备下部取样阀取样。

4. 取样操作

(1)在取样之前,首先要对取样容器和工具进行处理。对于新的或用过的容器和工具,若沾附灰尘或潮气,都要用自来水、蒸馏水或油醚洗涤多遍,然后放在干燥箱里干燥处理。

(2)卸下取油阀防尘罩,用干净滤纸或棉布将出油嘴擦干净。

(3)套上取样工具,拧开封油螺钉,让油以适当流速流出管子,放少量油冲洗管路,然后再正式取样。

(4)用瓶子取样时,至少要用油洗刷瓶子三次。油样要尽可能取满瓶,以减少残留空气。

(5)在用注射器取样的情况下,要先取出注射器芯,用油冲洗管和芯,以确保抽拉自如。取样时,一定要避免气泡进入。若有气泡进入,要排掉重取。取够量后,用油洗涤并注满橡胶封帽,排除封帽中空气,然后套上注射器端嘴。

(6)取样后要尽快做试验。油中溶解气体分析用油样,从取样到试验,间隔时间不宜超过 4 天;含水量、含气量试验油样不宜超过 7 天;击穿电压油样,在干燥的冬春季节,间隔时间不宜超过 3 天,在湿热的夏天,间隔时间越短越好,不宜从外地取样拿回实验室去做试验。

四、脱气方法

(一)真空脱气法

由于烃类气体在油中溶解度大而含量低,真空脱气法是不可能将它们全部脱出的。事实上,由于真空脱气是以气－液平衡原理为基础的,无论真空度抽到多么高,它对各种气体的脱气率都不可能达到百分之百。正因为如此,有些真空脱气法,如汞托里拆利真空法和真空泵法中的薄膜法,已被淘汰,真空泵法中的汞法和饱和食盐水法也都增加了搅拌装置,并采取多次脱气措施。操作程序大体相同,包含抽真空、脱气和收集气体。

改进后的真空脱气装置的脱气效果有时候仍不能令人满意,为此还必须求出真空脱气装置对每一组分气体的脱气率。而求脱气率的方法之一——加氮气振荡法本身就可以当做一种脱气方法,这就是所谓的机械振荡脱气法。

(二)机械振荡脱气法

机械振荡脱气法的脱气装置为振荡仪,简单地说,就是一台装有往复振动机构和卡盘的恒温箱。振荡操作也非常简单:向装有一定量油样(一般为 40 mL)的注射器中加注一定量的氮气(一般为 5 mL);然后将注射器卡在 20 ℃或 50 ℃的恒温箱中,振荡 20 min,静止 10 min,使油气两相达到平衡;用小注射器取出平衡后的气体,读准体积,供色谱分析用。

五、分析和结果表示方法

气相色谱仪要能满足对油中气体最小检知浓度的要求:乙炔不大于 1×10^{-6}体积百分数;氢不大于 10×10^{-6}体积百分数。色谱分析结果用体积百分数即每升油中所含各气体组分的微升数表示,即 μL/L(或用 ppm)表示。

第三节　分析结果判断方法

对油中溶解气体分析结果的判断,以往采用总可燃气体法,但近年来为了和 IEC 统一,采用以下方法。

一、特征气体法

正常运行时,绝缘油老化过程中产生的气体主要是 CO 和 CO_2。在油纸绝缘中存在局部放电时,油裂解产生的气体主要是 H_2 和 CH_4。在故障温度高于正常温度不多时,产生的气体主要是 CH_4。随着故障温度的升高,产生的气体中 C_2H_4 和 C_2H_6 逐渐成为主要特征。当温度高于 1 000 ℃时,如在电弧温度的作用下,油裂解产生的气体含有较多的 C_2H_2。如果进水受潮或油中有气泡,则 H_2 的含量极大。如果故障涉及固体绝缘材料,会产生较多的 CO 和 CO_2。不同故障类型产生的气体组分如表 8-1 所示。

表 8-1　不同故障类型产生的气体组分

故障类型	主要气体组分	次要气体组分
油过热	CH_4，C_2H_4	H_2，C_2H_6
油和纸过热	CH_4，C_2H_4，CO，CO_2	H_2，C_2H_6
油纸绝缘中局部放电	H_2，CH_4，C_2H_2，CO	C_2H_6，CO_2
油中火花放电	C_2H_2，H_2	
油中电弧	H_2，C_2H_2	CH_4，C_2H_4，C_2H_6
油和纸中电弧	H_2，C_2H_2，CO_2，CO	CH_4，C_2H_4，C_2H_6
进水受潮或油中有气泡	H_2	

二、依据气体含量和产气速率法

故障性质越严重，则油中溶解的气体含量就越高。所以，根据油中溶解气体的绝对值含量多少，和《导则》中规定的注意值比较，凡大于注意值者，应跟踪分析，查明原因。注意值不是划分设备有无故障的唯一标准。影响电流互感器和电容型套管油中氢气含量的因素很多，有的氢气含量虽低于表 8-2 中数值，但若增加较快，也应引起注意；有的氢气含量超过表 8-2 中数值，若无明显增加趋势，也可判断为正常。

表 8-2　油中溶解气体含量的注意值

设备名称	气体组分	含量(%)
变压器和电抗器	总烃	0.015
	乙炔	0.000 5
	氢气	0.015
互感器	总烃	0.01
	乙炔	0.000 3
	氢气	0.015
套管	总烃	0.01
	乙炔	0.000 5
	氢气	0.02

注：表中数值不适用于从气体继电器放气嘴取出的气样。

仅根据油中溶解气体绝对值含量超过注意值即判断为异常，是很不全面的。实践经验表明，要制定出变压器油中溶解气体的注意值是很困难的，尤其是 C_2H_2 的含量正常值，可低到 0.000 05%，也可高达 0.033%。因此，除看油中气体组分的绝对值含量外，还要看发展趋势，也就是看产气速率。

产气速率与故障消耗能量大小、故障部位和故障点的温度等情况有直接关系。产气速率有两种表达方式。

(一)绝对产气速率

绝对产气速率指每运行 1 h 产生某种气体的平均值,计算式为

$$r_a = \frac{C_2 - C_1}{\Delta t} \times \frac{G}{\rho} \times 10^{-3}$$

式中 r_a——绝对产气速率,mL/h;

C_2——第二次取样测得油中某气体浓度,$\times 10^{-6}$V/V;

C_1——第一次取样测得油中某气体浓度,$\times 10^{-6}$V/V;

Δt——两次取样时间间隔,h;

G——总油量,t;

ρ——油密度,t/m^3。

变压器总烃绝对产气速率的注意值如表 8-3 所示。

表 8-3 总烃绝对产气速率的注意值

变压器型式	开放式	隔膜式
产气速度(mL/h)	0.25	0.50

注:当产气速率达到注意值时,应进行跟踪分析。

(二)相对产气速率

相对产气速率指运行一个月某种气体含量增加值与原有值之比的百分数的平均值,计算式为

$$r_r = \frac{C_2 - C_1}{C_1} \times \frac{1}{\Delta t} \times 100\%$$

式中 r_r——相对产气速率,%/月;

C_2——第二次油样中某气体浓度,$\times 10^{-6}$V/V;

C_1——第一次油样中某气体浓度,$\times 10^{-6}$V/V;

Δt——两次取样时间间隔,月。

总烃的相对产气速率大于10%/月时,应引起注意。但对总烃起始含量很低的设备,不宜采用此法。出厂和新投运设备的油中不应含 C_2H_2 组分,其他组分也应该很低。出厂试验前后两次分析的结果不应有明显差别。

三、三比值法

油的热分解温度不同,烃类气体各组分的相互比例不同。任一特定的气态烃的产气速率随温度而变化,在某一特定温度下,有最大产气速率,但各气体组分达到它的最大产气速率所对应的温度不同。利用产生的各种组分气体浓度的相对比值,作为判断产生油裂变的条件,就是目前使用的“比值法”。三比值指五种气体(C_2H_2、C_2H_4、C_2H_6、H_2 和 CH_4)构成的三个比值($\frac{C_2H_2}{C_2H_4}$、$\frac{CH_4}{H_2}$和$\frac{C_2H_4}{C_2H_6}$)。三个比值的编码规则如表 8-4 所示。判断故

障性质的三比值法如表 8-5 所示。

表 8-4　三比值法的编码规则

特征气体的比值	比值范围编码			说明
	$\frac{C_2H_2}{C_2H_4}$	$\frac{CH_4}{H_2}$	$\frac{C_2H_4}{C_2H_6}$	
<0.1	0	1	0	例如：$\frac{C_2H_2}{C_2H_4}=1\sim3$ 时，编码为 1；
0.1 ~ 1	1	0	0	$\frac{CH_4}{H_2}=1\sim3$ 时，编码为 2；
1 ~ 3	1	2	1	$\frac{C_2H_4}{C_2H_6}=1\sim3$ 时，编码为 1
>3	2	2	2	

表 8-5　判断故障性质的三比值法

序号	故障性质	比值范围编码			典型例子
		$\frac{C_2H_2}{C_2H_4}$	$\frac{CH_4}{H_2}$	$\frac{C_2H_4}{C_2H_6}$	
0	无故障	0	0	0	正常老化
1	低能量密度的局部放电	0	1	0	含气空腔中放电。这种空腔是由于不完全浸渍、气体过饱和、空吸作用或高湿度等造成的
2	高能量密度的局部放电	1	1	0	含气空腔中放电、已导致固体绝缘有放电痕迹或穿孔
3	低能量的放电	1→2	0	1→2	不同电位的不良接点间或者悬浮电位体的连续火花放电。固体材料之间油的击穿
4	高能量的放电	1	0	2	有工频续流的放电。绕组线饼、线匝之间或绕组对地之间的油的电弧击穿。有载分接开关的选择开关切断电流
5	低于 150 ℃ 的热故障	0	0	1	通常是包有绝缘的导线过热
6	150 ~ 300 ℃ 低温范围的热故障	0	2	0	由于磁通集中引起的铁芯局部过热，热点以下述情况为序而增加：铁芯中的小热点，铁芯短路，由于涡流引起的铜过热，接头或接触不良（形成焦炭），铁芯和外壳的环流
7	300 ~ 700 ℃ 中温范围的热故障	0	2	1	
8	高于 700 ℃ 高温范围的热故障	0	2	2	

应用三比值法时的注意事项如下所述：

(1)只有根据各组分含量的注意值或产气速率的注意值判断可能存在故障时，才能进一步用三比值法判断其故障性质。气体含量正常时，三比值法没有意义。

(2)表 8-5 中每一种故障对应于一组比值，多种故障联合作用时，可能找不到相应组合。

(3)实际可能出现表 8-5 中没有包括的比值组合。因为某些判断尚在研究中。

四、无编码比值法

由于三比值法存在一些不足，通过大量变压器故障分析，提出无编码比值法——不再对比值进行编码，直接由两个比值确定一个故障性质，减少先编码后由编码查故障的过程，使分析和判断更简单化。无编码判断变压器故障方法如下：

(1)计算$\frac{C_2H_2}{C_2H_4}$的比值，当比值小于 0.1 时，为过热性故障；当比值大于 0.1 时，为放电性故障。

(2)计算$\frac{C_2H_4}{C_2H_6}$的比值，当比值小于 1 时，为低温过热(小于 300 ℃)；当比值大于 1 而小于 3 时，为中温过热(300～700 ℃)；当比值大于 3 时，为高温过热(大于 700 ℃)。

(3)计算$\frac{CH_4}{H_2}$的比值，确定是纯放电还是放电兼过热故障。当比值小于 1 时，为纯放电；当比值大于 1 时，为放电兼过热。

经过多台次故障变压器分析和判断，并经过验证，无编码比值法的准确率要比三比值法高。

五、TD 图判断法

三比值法中，当内部产生高温过热和放电性故障时，绝大多数的$\frac{C_2H_4}{C_2H_6}$大于 3。利用三比值法中的前两项，可构成直角坐标的 TD 图，如图 8-1 所示。

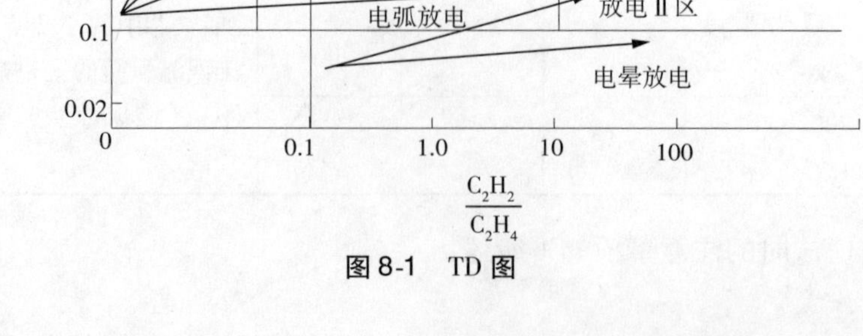

图 8-1　TD 图

图 8-1 中以$\frac{CH_4}{H_2}$为纵坐标，以$\frac{C_2H_2}{C_2H_4}$为横坐标。除无激磁分接开关悬浮电位操作杆放电故障外，变压器内部故障均出现过热状态，逐渐发展成严重过热或放电故障，造成设备直接损坏。当故障向过热Ⅱ区方向发展或向放电Ⅱ区方向发展时，应该严格控制，并要及早处理，防患于未然。在放电Ⅱ区，变压器应退出运行，查明原因并进行处理。在过热Ⅱ区，变压器已不可继续运行，轻瓦斯保护有可能动作。

经过实际使用验证，TD 图收效很好。

六、平衡判据法

当气体继电器发出信号时，可使用平衡判据进行分析判断。对油中溶解气体和继电器中的自由气体的浓度分析比较后，可以判断自由气体与溶解气体是否处于平衡状态，进而可以判断故障的持续时间。

对油中溶解气体和气体继电器气样进行色谱分析，然后进行比较。首先是把自由气体中各组分的浓度值利用各组分的奥斯特瓦尔德系数 K_i，计算出油中溶解气体理论值，或从油中溶解气体各组分的浓度值计算出自由气体的各组分的理论值，然后再进行比较。

各种气体在矿物绝缘油中的奥斯特瓦尔德系数 K_i 如表 8-6 所示。

表 8-6　各种气体在矿物绝缘油中的奥斯特瓦尔德系数 K_i

气体	K_i		气体	K_i	
	20 ℃	50 ℃		20 ℃	50 ℃
氢（H_2）	0.05	0.05	二氧化碳（CO_2）	1.08	1.00
氮（N_2）	0.09	0.09	乙炔（C_2H_2）	1.20	0.9
一氧化碳（CO）	0.12	0.12	乙烯（C_2H_4）	1.70	1.40
氧（O_2）	0.17	0.17	乙烷（C_2H_6）	2.40	1.80
甲烷（CH_4）	0.43	0.40	丙烷（C_3H_8）	10.0	—

奥斯特瓦尔德系数定义为

$$K_i = \frac{C_o}{C_g}$$

式中　C_o——液相中气体浓度，10^{-6}V/V；

　　C_g——气相中气体浓度，10^{-6}V/V。

当气、液两相达到平衡时，对某一特定气体来说有

$$C_{oi} = K_i C_{gi}$$

式中　C_{oi}——在平衡条件下，溶解在油中组分 i 的浓度，10^{-6}V/V；

　　C_{gi}——在平衡条件下，气相中组分 i 的浓度，10^{-6}V/V；

　　K_i——组分 i 的奥斯特瓦尔德系数。

平衡判据判断方法如下：

(1)如果理论值与实际值近似相等,可认为气体是在平衡条件下放出来的。这有两种可能:一种是故障气体各组分含量均很少,说明设备是正常的;另一种是溶解气体含量略高于自由气体含量,说明设备存在产生气体较慢的隐性故障。

(2)如果气体继电器中的自由气体含量明显超过油中溶解气体含量,说明释放气体较多,设备存在产生气体较快的故障。

七、总烃安伏曲线法

过热故障产生的原因有两方面,一方面是导电回路,另一方面是导磁回路。如果导电回路有了热故障,则和电流平方成正比(电阻损耗);如果导磁回路有了热故障,则和电压平方成正比(磁路损耗)。这样再结合色谱分析数据变化,即可判断故障部位。

根据上述理论,制作总烃安伏曲线,并根据此曲线判断。其具体做法是:根据色谱分析取样日期运行日志提供的电流、电压值,计算每日的变压器电源电压、电流平均值。以日期为横坐标,以总烃、电流、电压值为纵坐标绘制成总烃、电流、电压曲线,对三条曲线分析即可判断、区分是导电回路还是导磁回路过热。

八、综合判断方法

将运行中的充油设备色谱分析值与《导则》给出的注意值进行比较,如果超出注意值,应进行分析。另外,如果测出有乙炔(C_2H_2),即使色谱分析值未超过注意值,也应认真分析。

(1)首先排除外界影响。如是否油箱电焊过;有载调压开关的油有无渗进本体油箱内的可能;设备运行过程中是否过热等。只有排除外界影响,才能确认分析结果是可靠的,才可进一步分析。

(2)根据上述介绍的方法,如产气率、特征气体、三比值法和 TD 图,进一步确定故障性质。如果气体继电器已有自由气体,还要用平衡判据进行分析。

(3)有了故障性质,还要结合其他检查性试验,如测各绕组的直流电阻、空载特性试验、绝缘试验、局部放电试验和微水测量、油中微量金属分析等,再进一步确定故障性质和部位。

(4)根据分析结果和设备具体情况,采取不同的处理措施。如果性质不严重,而部位又一时确定不下来,则可继续跟踪分析,加强监督。如果暂时停电困难,可以限制负荷并安排近期处理。如果综合分析认为故障严重,随时都有可能发生事故,则应立即停运,进行处理。

总之,应重视色谱分析的结果,但也不要只凭一次分析进行处理,应进行综合分析,甚至多次跟踪分析后,才能最后确定处理方案。

本章小结

本章介绍了绝缘油中溶解气体分析的理论基础和各种常用的故障判断方法,重点介绍了特征气体法、依据气体含量和产气速率法、三比值法、无编码比值法、TD 图判断法、平衡判据法、总烃安伏曲线法、综合判断方法等故障判断方法。

习 题

8-1 简述绝缘油的作用。

8-2 绝缘油中含少量水分,为什么会使击穿电压急剧下降?

8-3 色谱分析的目的是什么?

8-4 色谱分析的各种特征气体有哪些?

8-5 简述特征气体法的原理。

8-6 简述故障的综合判断方法。

8-7 简述三比值法的原理。

第九章　电气设备绝缘在线监测

第一节　概　述

一、电气设备绝缘在线监测的意义

电气设备虽然按规定、按时做了常规预防性试验，但事故仍然时有发生，主要原因之一是现有试验项目和方法往往难以保证在这一个周期内不发生故障。定期进行绝缘预防性试验固然可以发现一些缺陷，但由于要停电后才能试验，因此难以根据设备绝缘状况灵活地来选择试验周期。

由于绝大多数故障事前都有先兆，这就要求发展一种连续或选时的监测技术，在线监测技术就是在这种情况下产生的。电气设备在线监测技术是一种利用运行电压来对高压设备绝缘状况进行试验的方法，它可以大大提高试验的真实性和灵敏度，及时发现绝缘缺陷。

二、电气设备绝缘在线监测系统的组成

通常，一种电气设备的在线监测系统，由传感器系统、数据采集与预处理系统、数据处理系统、诊断决策系统组成，如图 9-1 所示。

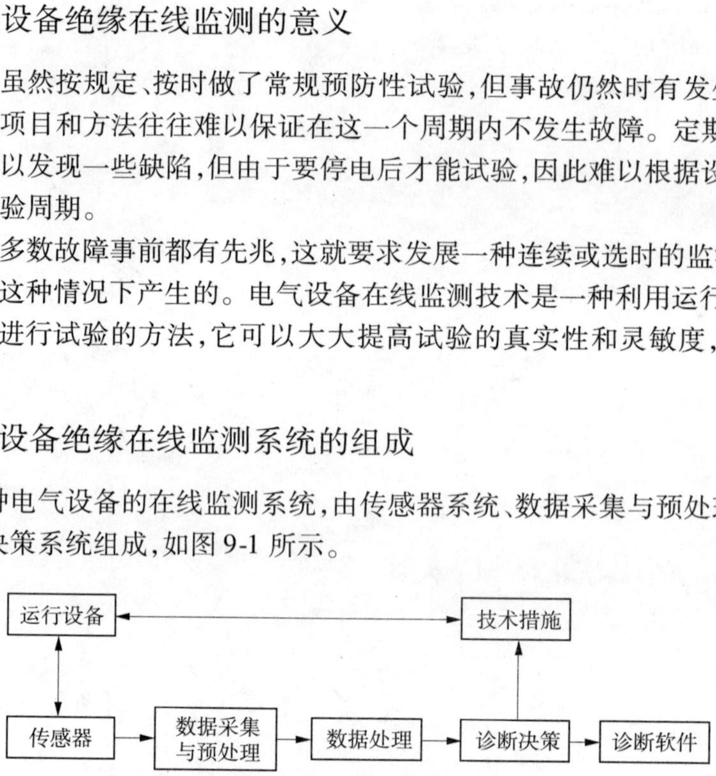

图 9-1　设备监测、诊断过程框图

（1）传感器系统：用于感知所需要的电气参量或非电气参量。目前，常用的传感器有电磁传感器、力学传感器、声参数传感器、热参数传感器、化学量传感器等。

（2）数据采集与预处理系统：将传感器得到的模拟量转换成数字量进行传输，应用数字滤波技术对采集到的信号进行滤波处理，抑制和消除外界干扰和背景噪声，提取真实信号，并进行信号还原，光电转换和光纤传输的引入有效地解决了高压隔离的问题。

（3）数据处理系统是设备监测、诊断中重要的一环，往往由各种分析仪、信号处理仪或计算机来完成。

（4）诊断决策系统：利用小波分析技术、神经网络技术、模糊诊断技术、专家分析技术等方法对所采集的信号进行分析、处理和诊断，得到所测电气设备绝缘的当前状况，并根

据需要进行绝缘诊断和寿命评估。

三、电气设备绝缘在线监测系统的分类

在线监测系统可以分为集中式实时在线监测系统和便携式在线监测系统。集中式实时在线监测系统通常由安装在设备上的传感器、信号转换装置、信号传输电缆、信号显示和信号分析装置组成。便携式在线监测系统可以由安装在运行设备上的传感器、信号转换器和专用的便携式信号接收机组成。

在线监测的推广还有利于从定期维修制过渡到更合理的状态维修制。电气设备的状态监测按其监测的作用可分为保护性监测和维护性监测两类。保护性监测也就是故障监测，通过对常规运行参数（如电压、电流、功率、温度、流量、压力等）的监测，提供电气设备的正常运行工况。在故障发生之前发出报警信号，以便采取必要措施，避免严重事故的发生。维护性监测是通过在线监测、离线检查和试验，发现缺陷、监视缺陷的发展趋势并预测发展的后果，以指导制订维修策略。

目前，已经比较成熟的在线监测方法主要有以下几个方面：

（1）电流的在线监测。

（2）$\tan\delta$ 的在线监测。

（3）局部放电的在线监测。

（4）油中气体含量的在线监测。

第二节　电力变压器的在线监测

一、在线监测的必要性和方法

根据历年来的统计，变压器故障的主要原因是绝缘损坏。变压器在故障前会有局部放电现象产生。然而在以前，电力变压器仅配有继电保护，它只是在事故发生后才动作，运行中缺少绝缘监测手段。

其实当气体继电器发出报警信号时，表明油中有气体生成，从绝缘方面来看，已属于局部放电较严重的情况。

由于变压器没有局部放电监测系统，微弱放电只好任其自由发展，最后绝缘击穿，导致电力系统短路。随之，继电保护动作，断路器跳闸切除故障，造成系统供电中断。

利用先进的微电子技术和传感技术，对运行中的电力变压器在线监测，能及时取得各种反映绝缘状态变化的信息。对数据进行处理和综合分析，可避免因绝缘缺陷的扩大而导致的停电事故，并可以把握“最佳”的维修时机。

当变压器产生局部放电时，将伴随着产生电流脉冲、声波（或超声波）、油中分解出来的气体、光和超高频电磁波等信号。

对上述五种信号进行测量，可以确定变压器内部局部放电的严重程度。在各种监测方法中，电流脉冲法最灵敏，脉冲电流监测在理论上能测量小至几皮库的局部放电，但是变电站现场电信号的干扰也比较大，因此采用常规的电流脉冲法，很难进行测量。

超声波监测是通过安装在变压器油箱上的超声波传感器，监测局部放电造成的超声压力波的，其抗电磁干扰性能好，采用几个超声波传感器后还能对放电定位。但由于声波在设备内部绝缘中的吸收和散射，灵敏度不如脉冲电流监测高，对于那些深藏在绝缘内部的放电往往监测不到，并且机械振动也会造成干扰。同时超声波信号的传播时延大多用电流脉冲信号触发计时器来获得。在现场使用时，局部放电产生的脉冲电流信号，往往淹没于很高的干扰脉冲之中而无法分辨，难以触发计时器工作，从而导致监测系统做出错误的判断。

超高频电磁波测量是利用局部放电时产生的超高频电磁波，通过天线接收，可以有效地避开干扰、提高信噪比，是正在发展中的测量方法。此外，相控阵列理论也开始应用到超声波监测，利用超声波相控阵列传感器和相应的算法，可以提高信噪比，确定局部放电的方位，从而提高灵敏度和故障定位准确度，并且可以实现多目标定位。

油中气体色谱分析法基本上不受现场干扰的影响，但由于其量值非常小，必须采用昂贵的精密传感器及油气分离分析系统才能完成，否则测量的可信度不高。

鉴于上述原因，电流脉冲法仍然是目前在线监测局部放电的主要方法。有用“电”、“声”同时监测的，也有用“电”、“声”、“气”三者同时监测的，对电力系统中枢纽变电站的大型变压器，应采用多种方法进行监测，以确保其安全运行。

二、脉冲电流法

变压器内部绝缘发生局部放电时，将产生脉冲电流和声波。因此，局部放电的测量有差动平衡法和脉冲极性鉴别法两种。

（一）差动平衡法

差动平衡监测系统原理接线如图 9-2 所示。

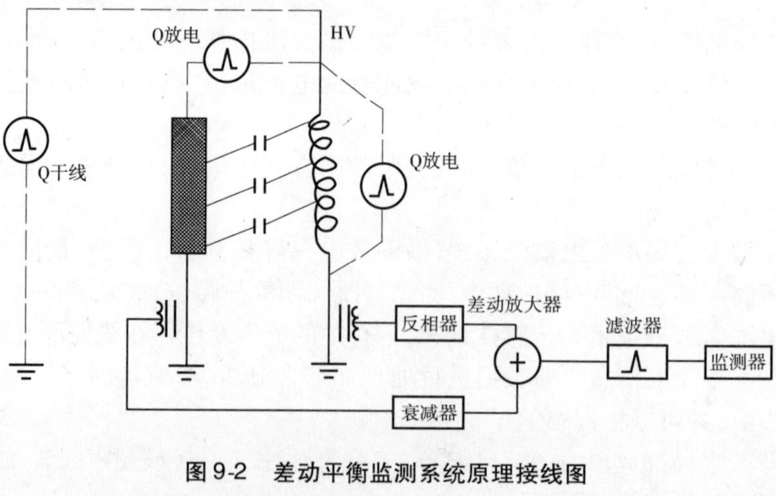

图 9-2　差动平衡监测系统原理接线图

它的工作原理是：比较进入测量系统的两个信号，一个来自变压器中性点传感器，另一个来自变压器铁芯接地传感器。当变压器内部产生局部放电信号时，它在变压器中性点及铁芯这两个传感器上产生的电流脉冲方向相反。而当变压器外部存在干扰信号时，它在这两个传感器上产生的电流脉冲方向相同，适当选择测量频率（或频带），对这两个电信号进行比较，就可以对电晕干扰加以抑制。

（二）脉冲极性鉴别法

脉冲极性鉴别法的原理与差动平衡法相似，也是取上述两个信号，利用脉冲极性鉴别电路进行测试，原理接线如图 9-3 所示。

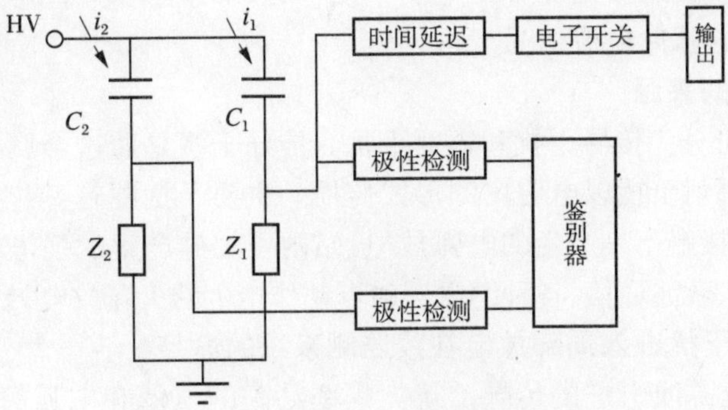

图 9-3　脉冲极性鉴别系统原理接线图

当来自高压侧的干扰电流 i_1、i_2 流经监测阻抗 Z_1、Z_2 时，脉冲电流极性一致，电子开关断开，无信号输出。而当 C_1 发生局部放电时，Z_1、Z_2 上的脉冲极性相反，电子开关闭合，使放电信号得到输出。以此排除来自高压侧的干扰脉冲。

三、超声波监测法

超声波监测系统原理接线，如图 9-4 所示。

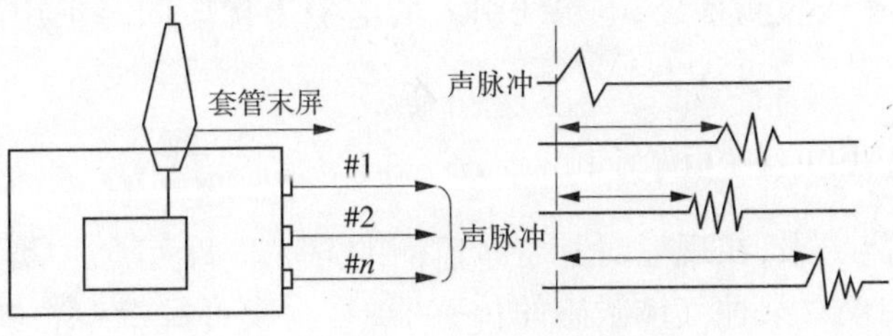

图 9-4　超声波监测系统原理接线图

用超声波传感器，在变压器外壳上监测局部放电产生的声信号，当变压器内部发生局部放电时，所产生的电流脉冲信号就能被监测到，分布在油箱壁上的几个超声波传感器也会监测到声波信号。但它要比电脉冲延迟某个时间（$t_{pi}, i=1,2,\cdots,n$），根据这个延迟时间，就能确定传感器和放电点之间的距离，从而确定放电点的位置。但用于监测变压器内部深处局部放电时，由于绝缘厚度、超声信号的衰减，灵敏度降低。

四、电声法

由于超声波测量需要电脉冲信号，通常将电脉冲测量和超声波测量组合在一起。利用电脉冲作为放电量的定量分析和超声波测量的时间起点，利用超声波测量作为放电点的定位，并利用内部放电产生超声波而外部放电不产生超声波作为鉴别内外放电的辅助手段，利用数字处理技术完成相位鉴别、定位计算和抑制干扰等工作。

五、局部放电在线监测中的电磁干扰及抑制方法

局部放电在线监测通常是在各种电磁干扰存在的现场环境中进行的，关键是如何准确地提取局部放电的脉冲电流信号。

（一）电磁干扰的来源

电磁干扰主要可分为传导干扰和辐射干扰。传导干扰是通过金属导体，如导线或金属结构传播的干扰。辐射干扰以电磁场的形式传播。主要干扰源有：架空线路和变电站母线上的电晕放电；导体接触不良产生的电弧放电；站内可控硅产生的强电脉冲；附近的电焊机及电弧炉、无线电波、载波通信、各种继电器触点动作产生的火花放电；系统内开关动作等。

（二）各种电磁干扰进入局部放电在线监测系统的途径

（1）监测系统电源线引进的传导干扰。频率甚高的电晕和电弧等放电信号可通过电源线与干扰源之间的杂散电容耦合到电源线中，通过电源线进入局部监测系统的数据采集部分，对监测结果造成干扰。

（2）通过电缆线及数据采集系统耦合进入监测系统的空间辐射电磁波干扰。

（3）进入电气设备的各种干扰信号与内部局部放电信号叠加在一起，通过系统传感器的耦合进入监测系统。

（三）抑制干扰信号的方法

对于电磁干扰，一般可从空域或时域同时采取措施。空域方法有屏蔽、接地、隔离等。时域方法有滤波、相关性分析等。

对于局部放电在线监测系统，电源线引入的电磁干扰应同时采用屏蔽、隔离、滤波等方法。

六、变压器的在线油色谱分析

将油中气体分离出来，在现场对其定量监测的方法有两大类：一类用色谱柱将不同气体分离开；另一类用仅对某种气体敏感的传感器，易制成可携带型。例如，目前比较成熟的监测氢气或可燃气体总量（TCG）的仪器，它不但可直接安装在变压器上作连续监测，也可制成轻便的可携带型。因为无论是过热型或放电型故障，油中氢气含量或 TCG 总量都将增长，监测油中溶解气体里的氢气含量或者 TCG 总量对发现故障有一定的灵敏性。

（一）油中氢气的在线监测

不论是放电性故障还是过热性故障都会产生氢气。氢气既是各种形式故障中最先产生的气体，也是变压器内部气体各组成中最早发生变化的气体，所以若能找到一种既对氢气有一定的灵敏度、又有较好稳定性的敏感元件，在电力变压器运行中监测油中氢气含量的变化，并及时预报，便能捕捉到早期故障。

图 9-5 为微机控制的利用气体敏感半导体元件来监测油中氢气含量的监测仪器原理框图。

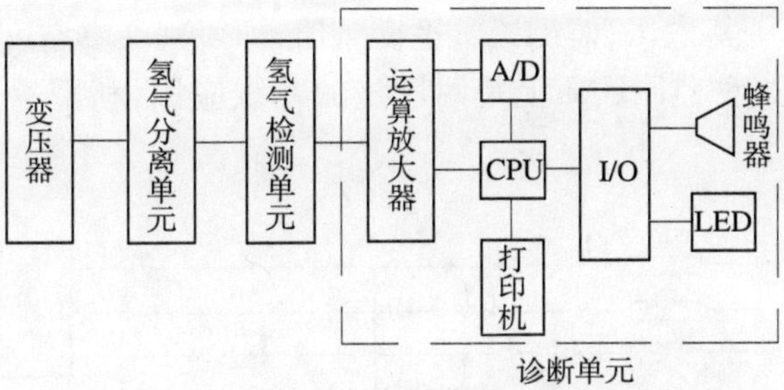

图 9-5　监测油中氢气含量的监测仪器原理框图

氢气分离单元主要采用聚四氟乙烯透膜，安装在变压器侧面。氢气监测单元包括气室和氢敏元件。诊断单元主要包括信号处理、报警和打印等功能。

不仅油中气体的溶解度与温度有关，而且在用薄膜作为渗透材料时，渗透过来的气体也与温度有关，因此进行在线监测时，宜取相近温度下的读数来作相对比较，或在系统中考虑到温度补偿。测得的氢气浓度，一般在每天凌晨时处于谷底，而在中午时接近高峰。

（二）油中多种气体的在线监测

上述监测油中的氢气可以诊断变压器故障，但它不能判断故障的类型。油中多种气体的在线监测不仅能判断故障，还能根据监测出不同成分气体的含量来确定故障的性质，原理简述如下：

变压器排油阀通过只渗透气体的氟聚合物薄膜（PFA）与气体分离单元相连，当排油阀打开、渗透时间较长时，渗透气体浓度与油中气体浓度成正比。监测单元利用空气载流型轻便气相分析仪定量监测通过气体分离单元传入的气体，诊断单元包括信号处理、浓度分析结果输出等功能。

利用测量得到的变压器色谱可以区分放电类型与过热类型、油过热与油－绝缘纸过热等。当 CH_4/H_2 比值等于或小于 0.5 时，可判定为放电类型；当比值大于 0.5 时，可判定为局部过热类型。

当产生的一氧化碳等于或小于 150 ppm 时，属于油过热；当一氧化碳超过 300 ppm 时，过热就趋向于包含绝缘纸在内的过热。

第三节　高压断路器的在线监测

一、真空断路器灭弧室真空度在线监测

真空断路器灭弧室真空度目前还无法进行直接测量。间接测量的方法主要有：真空断路器处于分闸状态时监测断口电流、监测周边电场、监测波纹管变化和监测局部放电。其中，监测周边电场和监测局部放电是国内外研究较多的两种间接测量方法。

二、监测断口电流

一般认为，当断路器处于分闸状态时，灭弧室的断口上承受系统电压，若有一相灭弧室的真空度下降到一定程度，流过相应断口的离子电流增加，RC 网络的中性点和系统中

性点之间就会出现不平衡电压，监测该不平衡电压，即可判断真空度情况。三电桥法原理电路如图9-6所示。这种监测实质上是耐压法的在线应用，利用不平衡监测原理提高灵敏度。

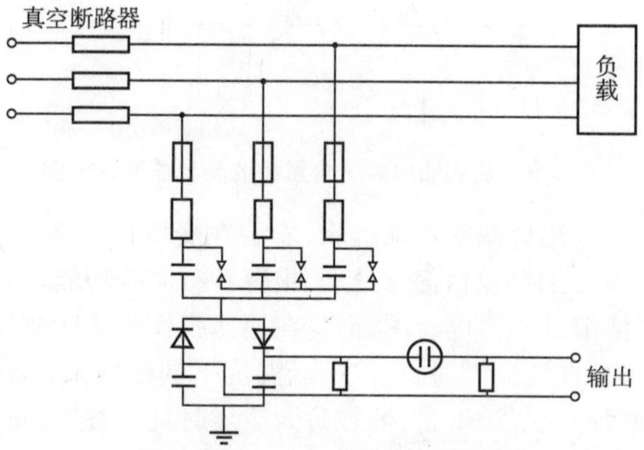

图9-6　三电桥法的原理电路

这种RC网络原本是用做真空断路器过电压保护的，适当增加少量元件，即可兼作真空度的在线监测，是一种廉价的监测方案，但灵敏度较低，只有当真空度恶化到一定程度时才能反映出来。另外，只有在分闸状态下才能实施监测，对长期投运的真空断路器不太适宜。

三、监测周边电场

目前有两种理论说明真空度与周边电场的关系。一种理论认为，触头附近的电场强度大于屏蔽罩附近的电场强度，因此将在触头附近电离出更多的电子，这些电子在电场作用下，向屏蔽罩移动。当灭弧室的真空度正常时，触头相当于阴极，屏蔽罩相当于阳极，即触头和屏蔽罩造成了一个真空二极管，仅需几百伏的电压就可以维持带电触头与中间屏蔽罩之间的单向导电。二极管向屏蔽罩和地之间的杂散电容充电，使屏蔽罩产生一个叠加在交变电位上的负电位。由于此电流十分微小，故此时负电位不明显。随着真空度的下降，由触头向屏蔽罩移动的电子产生了碰撞电离，电流增大，屏蔽罩上积累的电子增多，负电位的绝对值升高。当真空度下降到一定程度时，平均自由行程减小，导致碰撞电离减少、负电位的绝对值下降。因此，设法测量屏蔽罩的直流电位，可以推断真空度的情况。

实际上，此时由于屏蔽罩与触头之间的等值电容、等效真空二极管的反向特性、屏蔽罩支柱绝缘子等值电导的共同作用，屏蔽罩上的交流电位也随之改变，并随真空度的下降，在屏蔽罩上产生一个先下降后上升的变化趋势。测量此变化趋势，亦可判断真空度的变化情况。

另一种理论认为，真空断路器的金属导杆和触头与屏蔽罩之间，在正常情况下相当于一个电容器，真空断路器的屏蔽罩对地也相当于一个电容器，屏蔽罩上的电位按电容成反比分配，如图9-7所示。

真空度的下降将导致离子电导的加大，其效果就相当于在金属导杆和触头与屏蔽罩之间的电容上并联一个电阻，从而导致屏蔽罩上的电位按阻抗重新分配。在真空度开始变化时，由于平均自由行程尚未达到碰撞电离的要求，离子电流变化不明显。但当真空度达到一定值时，碰撞电离加剧，离子电流增大，然后又趋于缓和。因此，利用这一曲线可以判断真空度的变化趋势。

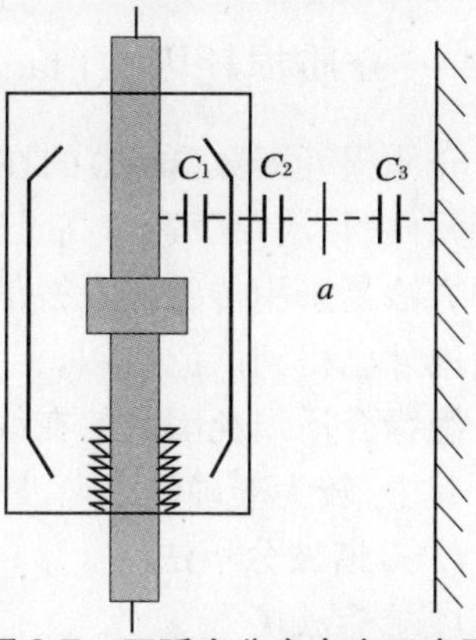

图 9-7　灭弧室分布电容示意图

这两种理论均利用屏蔽罩的电位变化来反映真空度的变化，因屏蔽罩上的电位无法测量，实际上是设法测量屏蔽罩附近的电场强度，由电场强度的变化间接地反映真空度的变化。图 9-7 中的 a 为电场探头。为了避免探头的插入对电场分布的影响、满足真空灭弧室对绝缘安全距离的需要，探头对地应高度绝缘，因此探头的信号引出应采用光纤等高绝缘材料。这样一来，就很难对探头提供工作电源。一种解决方案是采用光学元件把电场的变化转变成光通量的变化，再经光纤传到低电场区或控制系统中进行监测。

另一种做法是采用硅光电磁供电方案，将光线通过透明的绝缘支柱，传递到探头上的硅光电池，产生电能，给探头供电。探头可用电子元器件构成，将电场信号转变成光信号通过光纤传递到测量装置。这种方案可不受泡克尔斯光学系统的灵敏度、稳定性、频率特性和价格等因素的限制。

四、监测波纹管变化

监测波纹管变化实际上是监测压力，即压力式真空计的变形设计。由于压力式真空计无法测量高真空，故这种测量方法只能监测出严重漏气的灭弧室。

五、监测局部放电

设被测真空灭弧室的带电触头至中间屏蔽罩间的耐压强度随真空度下降而下降，则当工频电压从零升至某一值时，带电触头和屏蔽罩之间的等值电容 C_1 发生放电，金属导杆和触头通过导电气体对屏蔽罩充、放电。由于屏蔽罩对地的电容很小，少量电荷堆积即可大幅度减小触头附近的电场强度，因此难以形成稳定的导电性通道，放电停止，等值电容 C_1 再一次充电至放电电压。这个过程类似于局部放电过程，使得屏蔽罩上的电位出现周期性高频脉冲。监测屏蔽罩周边的电场能监测到这种高频脉冲的存在。

由于真空断路器中的局部放电和现场的干扰噪声信号处于同一数量级，因此必须从硬件和软件上采取抗干扰措施，保证测量装置有很强的抗干扰性能。

第四节　高压电容型设备的在线监测

高压电容型设备包括耦合电容器、电容式套管、电容式电压互感器、电流互感器等。在线监测这些设备绝缘的电容电流、电容量及 $\tan\delta$，实践证实是有效的监测方法。

一、介质损耗因数（tanδ）的在线监测

介质损耗因数（tanδ）的在线监测可以采用电桥原理，包括具有自动平衡、数字显示等功能元件，目前由于造价高、还需高压标准电容器等，很少在现场的在线监测中应用。另一种方法是采用传感器取得信号后，用硬件或软件的方法实现对 tanδ 及 C 的在线监测，在国内外已得到广泛应用。

绝缘介质损耗因数的在线监测方法有零磁通法、过零比较法、谐波分析法和脉冲计数法。其中，较为准确的是谐波分析法和脉冲计数法。

（一）谐波分析法

1. 测量原理

图 9-8 为测量 tanδ 的谐波分析法原理接线框图，由试品 C_x 接地侧的电流互感器获得 i_x，它反映了流经试品的电流；由电压互感器处获得 u_b，它反映了加在试品上的电压。如果忽略传感器及分压器的角差，则 u_b 应滞后 i_x 一个角度（$90° - \delta$）；将 u_b 经移相器移相 90°，则 u_b 与 i_x 间的角差即为介质损耗角 δ。

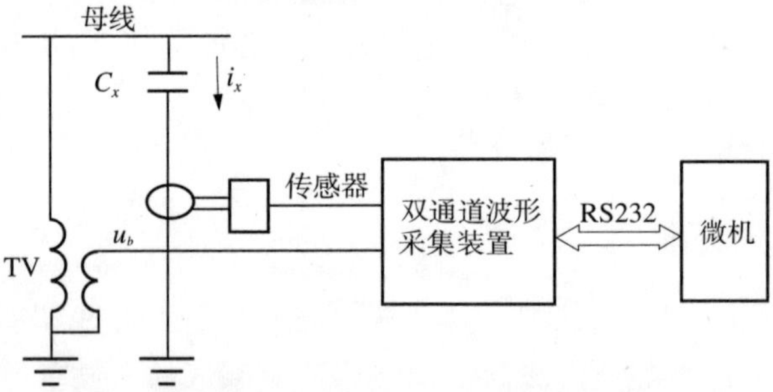

图 9-8　谐波分析法测量 tanδ 的原理接线框图

图 9-8 中传感器将泄漏电流信号 i_x 转化为满足 A/D 转换幅值要求的电压信号 u_x。再从 TV 的低压侧抽取运行电压信号 u_b。u_x 和 u_b 分别与波形采集装置的两个不同通道相连接。

2. 谐波分析法的基本测量过程

波形采集装置将 u_b 和 u_x 同步转换为数字波形并存储，然后计算机将两个数字波形调入内存，用离散傅里叶变换求出两个信号的基波，则

$$U_b(t) = U_{bm}\sin(\omega t + \varphi_{u0})$$

$$U_x(t) = U_{xm}\sin(\omega t + \varphi_{ux})$$

再根据传感器的输出输入特性求出全泄漏电流的基波电流，其表达式为

$$I_x(t) = I_{xm}\sin(\omega t + \varphi_{ix})$$

最后，根据 $I_x(t)$ 和 $U_b(t)$ 求出绝缘介质损耗角和等值电容 C，则

$$\tan\delta \approx \delta = \frac{\pi}{2} - (\varphi_{ix} - \varphi_{u0})$$

$$C = \frac{I_{xm}}{\omega U_{bm}} \times \cos\delta$$

3. 影响在线监测准确度的主要因素

1）采样位数和采样频率对准确度的影响

波形采集装置 A/D 转换器的位数和采集频率越高，数字波形越接近信号的真实波形。但在实际应用中，A/D 的位数和采样频率总有一定的限制。一般来说，用 8 位 A/D、100 kHz 的采样频率就可以获得比较满意的结果。

2）传感器的温度稳定性及校正

传感器是由高导磁性材料的磁环线圈和其他线性元件组成的，它将泄漏电流转化为电压信号。传感器的输入、输出特性直接影响介损的测量准确度。在实验研究中发现，随着环境温度的改变，传感器输入、输出信号相角差就会变化。分析表明，一般在 -20 ~ 40 ℃的温度范围内，温度每变化 10 ℃，相角差变化量为 1%/rad，在分析软件中引入修正系数基本上就可消除温度的影响。

3）TV 相角差及相关措施

TV 低压侧和高压侧的相角差是影响介损在线监测准确度的又一个重要因素。产生这个相角差的原因有两点：一是 TV 高、低压侧之间存在一固定的相差；二是 TV 低压侧通常接有二次仪表，这些二次仪表相当于 TV 的负载。由于负载的影响，使 TV 的低压侧和高压侧又有了一个相差，这个相差是变化的，其波动范围有时甚至超过介质性能变化引起的介质损耗角的变化。

为了消除或减小上述误差，以一组绝缘性能良好的电容型设备的泄漏电流为标准，将其他设备测得的泄漏电流与标准泄漏电流进行相位比较，在该组设备的介质损耗角事先确定的情况下，测量时由温度和 TV 引起的附加相位移即可确定。假设测出标准设备的介质损耗角为 δ_0，事先确定的标准设备的介质损耗角为 δ_n，附加相位移为 $\delta_0-\delta_n$，在被试设备测出的介质损耗角中，减去附加相位移后，即可得出真实的介质损耗角。

谐波分析法的原理是基于傅里叶变换的。由于三角函数的正交性，傅里叶变换求解电压和电流的基波不受高次谐波的影响，也不受仪器电子电路所产生零漂的影响，因此可以达到比较高的稳定性和测量的准确度。

（二）脉冲计数法

脉冲计数法的信号获取与谐波法一样，也是由电压互感器取得 u_b，由传感器获得泄漏电流信号 i_x 并转换成 u_x。不同的是，首先通过滤波器消除高次谐波的影响，提取基波分量。然后将 u_b 和 u_x 的基波分量 U_b 和 U_x 分别经过过零比较整形而成相同幅值的方波 U_b' 和 U_x'。方波 U_b' 和 U_x' 相遇后所得的方波宽度即反映此 φ 角的大小，利用计数脉冲对 φ 进行计数测量，如图 9-9 所示。

在图 9-9 中，图（a）和图（b）作“与”运算，得到图（c），图（c）反映了 U_b 和 U_x 的相位差 $\varphi=90°-\delta$。设一个周期的计数脉冲为 n_T（时钟频率），相位差的计数脉冲为 n_φ，则对应 δ 的计数脉冲为

$$n_\delta=\frac{1}{4}n_T-n_\varphi$$

于是

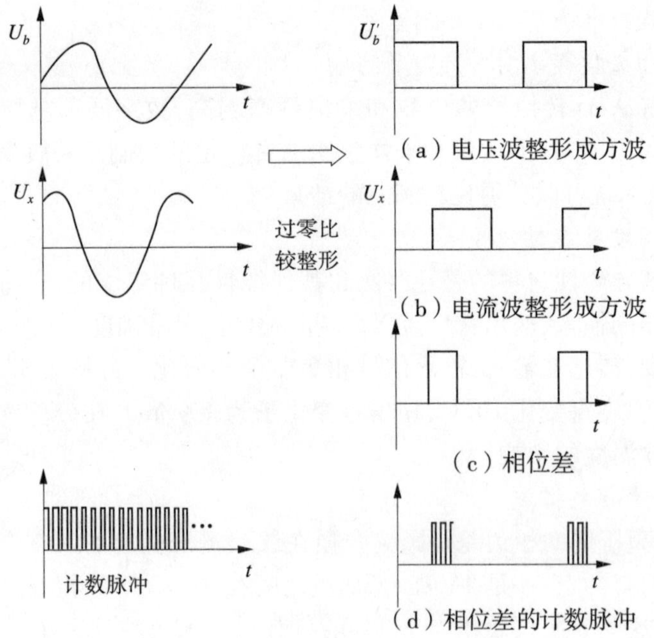

图 9-9　脉冲计数法测量的原理接线

$$\frac{\delta}{n_\delta}=\frac{2\pi}{n_\mathrm{T}}$$

$$\delta=\frac{n_\delta}{n_\mathrm{T}}\times 2\pi$$

$$\tan\delta\%\approx\delta\%=200\pi\times\frac{n_\delta}{n_\mathrm{T}}$$

这样,就可以测得 $\tan\delta$。

由于介质损耗角 δ 的数值很小,稍有干扰或信号中稍有一点直流、谐波分量都会使信号过零点偏移,造成很大的测量误差。另外,两路信号通道特性的不一致也会造成附加相移,引起误差。目前,常用预处理电路来消除影响,即在信号比较器以前先通过滤波器消除信号中的直流信号和高频信号,仅留下 50 Hz 的交流信号。通过切换开关在每次测量前以同一信号 u_b 经过两个相互平行的回路。如两者输出信号间有相角差,可自行调整。在现场进行 $\tan\delta$ 在线监测,必须十分注意抗干扰措施。对信号传感器要有妥善屏蔽措施,信号电缆全部采用屏蔽电缆,或采用光纤传输。

在测量很小的 $\tan\delta$ 值时,如仅用上述的硬件来实现,则在滤波、整形、过零转换、相位鉴别等电路中,原有的波形及相角都可能有畸变,以致引起较大误差或读数不稳定。而谐波法采用软件实现上述过程,对信号进行傅里叶变换,利用三角函数的正交性,可消除高次谐波而获得基波电压和基波电流,在技术上具有相对优势。

二、三相不平衡信号的在线监测

(一)三相电流之和在线监测

测量三相试品的不平衡电流在理想情况下是一种较灵敏的方法。如三相电压平衡、三个电容型试品的电容量及损耗相同,则无电流通过其中性点处;如有一试品出现缺陷,将会有电流在中性点出现。

在实际测量过程中,即使三相电压对称、平衡,三个电容型试品相同,仍有杂散电流 I_b 进入接于中性点处的电流表。一般电容型试品,如电容式套管或电流互感器,在制造时对其电容量常允许有10%以下的容差,因此绝缘正常时也具有相当大的不平衡电流,这样只有当缺陷使其等值导纳变化很大时,才有可能鉴别出来。因此,三相不平衡电流法往往难以发现早期缺陷。

(二)中性点不平衡电压在线监测

中性点不平衡电压在线监测是根据减小不平衡电流可以提高灵敏度的原理提出的,即在测量线路中加入对称化电路,改变试品测量回路的电流传递系数,使被测电流的三相系统对称化来减少不平衡电流。不平衡电压在线监测原理接线如图9-10所示。

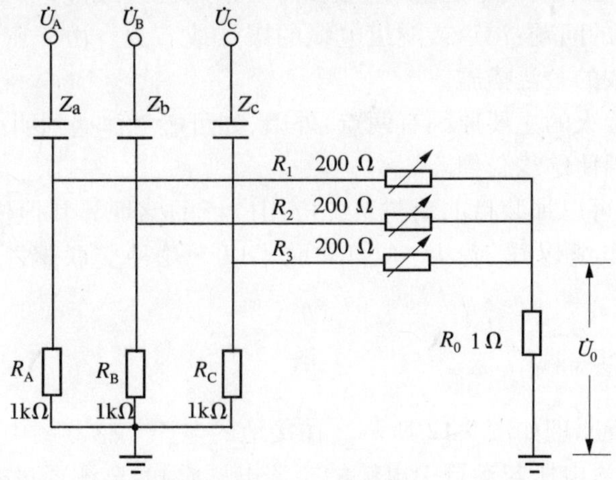

图9-10 不平衡电压在线监测原理接线

调整 R_1、R_2、R_3 使三相不平衡电压 U_0 的输出最小。在运行中,当某相电容型设备出现缺陷时,U_0 就有明显变化。

以上介绍的几种方法广泛运用于耦合电容器、电压互感器、电流互感器、变压器、电抗器套管的测量系统中。但是在无末屏的电流互感器和电磁型电压互感器中,由于无法从末屏获取电流信号,因而采用泄漏电流来代替。无末屏的电流互感器绝缘在线监测原理接线如图9-11所示。

如果将电流互感器的二次侧的两条引出线接入测量用电流互感器,则在传感器内的电流为

$$\dot{I}_2 = \dot{I}_2' + \dot{I}_2'' - \dot{I}_2' = \dot{I}_2''$$

其中,I''_2 为泄漏电流,I'_2 为TA的二次侧电流。因此,在传感器中只有泄漏电流,其有功分量可以反映绝缘受潮情况。

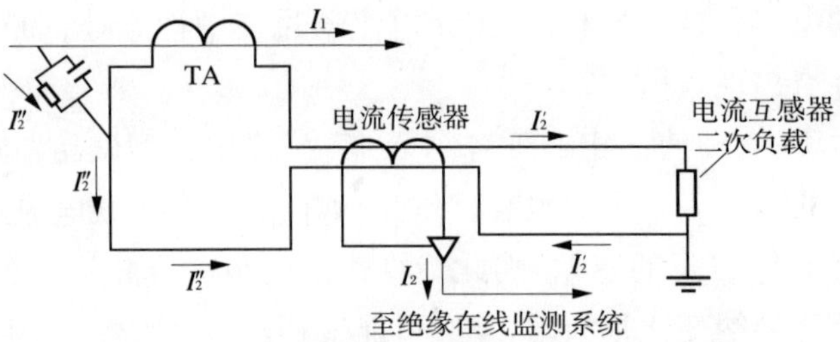

图 9-11　无末屏电流互感器绝缘在线监测原理接线

第五节　电力电缆的在线监测

在我国,电力电缆在城市及工矿企业中越来越普及。近几年,由于电缆等级、种类及数量越来越多,已不是采用简单的直埋形式,而是采用沟道或隧道、桥架等形式集中敷设电缆,因而带来了新的问题:沟道或隧道电缆的爆炸或着火。由于密闭及烟雾毒气,人们不可能立即采取有效的救治措施。

电缆爆炸导致着火的主要原因有两点:外因,如可燃气体遇到明火或外力等;内因,如绝缘老化或某种原因使绝缘受损。

对于外因,人们可以加装目前消防系统应用广泛的感烟等其他传感装置。针对电缆本身的原因造成的电缆爆炸、着火,人们采取了以下几种交联聚乙烯电缆的在线监测技术。

一、直流叠加法

直流叠加法测量原理如图 9-12 所示。在接地的电压互感器的中性点处施加 50 V 左右的直流电源,该直流电压与运行中电缆的交流电压叠加,监测通过电缆绝缘层的极微弱的直流电流(一般为纳安级以上),即可测得整条电缆的绝缘电阻,从而可对电缆的好坏进行判断。其缺点是:抗干扰性能较差。

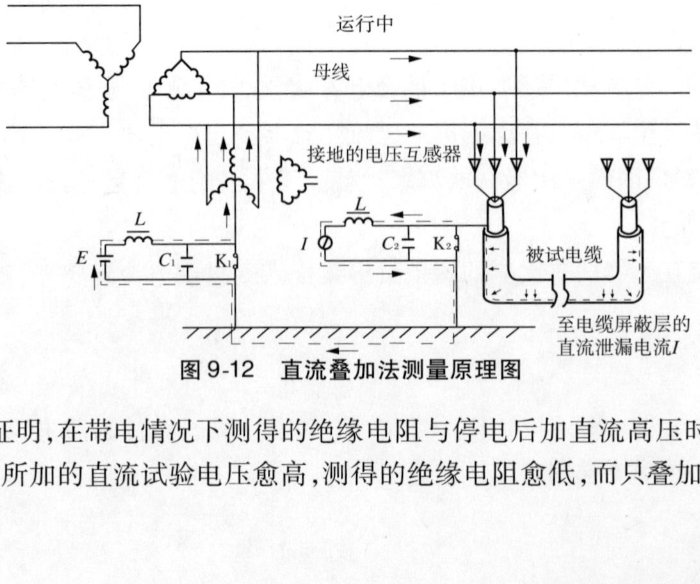

图 9-12　直流叠加法测量原理图

试验数据证明,在带电情况下测得的绝缘电阻与停电后加直流高压时的测试结果相近,停电试验时所加的直流试验电压愈高,测得的绝缘电阻愈低,而只叠加 50 V 直流电压的带电测量结果与外施加很高的直流电压时的测试结果相近。

绝缘电阻值与电缆绝缘剩余寿命的相关性并不是很好，其分散性很大。因绝缘电阻的影响因素很多，即使同一根电缆，也难以紧靠测量其绝缘电阻值来早期预测其使用寿命。

对于中性点固定接地的三相系统，也可采用三相电抗器中性点加进低压直流电源而仍用直流叠加法在线监测电缆绝缘性能，如图 9-13 所示。

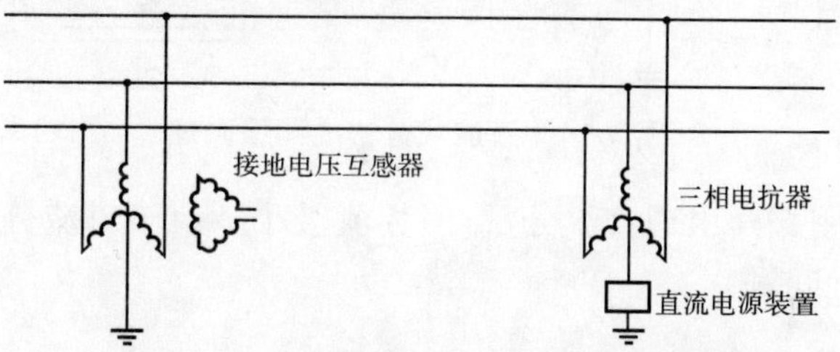

图 9-13 在电抗器中性点叠加低压直流电流

直流叠加法在国内已有应用，但因积累数据及经验不多，判断标准可参考国外标准。使用此方法应注意被测试电缆的长度、材料及原始数据等。直流叠加法测出绝缘电阻的判据（日本）如表 9-1 所示。

表 9-1 直流叠加法测出绝缘电阻的判据（日本）

测定对象	测量数据（MΩ）	评价	处理建议
电缆绝缘层 R_1	> 1 000	良好	继续使用
	100 ~ 1 000	轻度注意	继续使用
	10 ~ 100	中度注意	有戒备下使用，准备更换
	< 10	高度注意	更换电缆
电缆护层绝缘 R_2	> 1 000	良好	继续使用
	< 1 000	不良	继续使用，局部进行修补

二、直流成分法

在直流叠加法测量回路中，即使不叠加直流电压，也能测到很小的直流电流分量。

通过监测电缆芯线与屏蔽层电流中极微弱的直流成分，对 XLPE 电缆中某一点或某一局部存在的树枝化（水树枝、电树枝）绝缘缺陷进行劣化诊断，如图 9-14 所示。

在 XLPE 绝缘电缆中的水树枝起“整流作用”，在外施电压的负半周，树枝放电向绝缘中注入较多的负电荷；而在正半周，注入的正电荷较少，以致仅中和了一部分负电荷。这样在外施交流工作电压的正、负半周的反复作用下，水树枝前端所聚集的负电荷逐渐向对

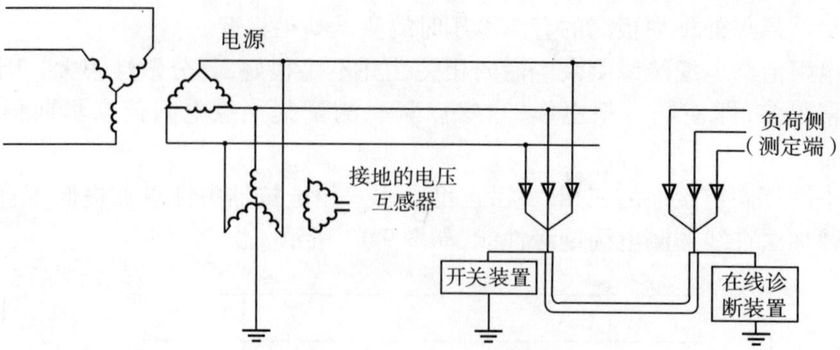

图 9-14　直流成分法的测量原理

方漂移，就像整流作用那样出现直流分量，但数值极小。由于直流分量电流很微弱（纳安级），主要存在抗干扰问题。

三、在线 tanδ 法

对电缆绝缘层 tanδ 的在线监测方法与对电容型试品 tanδ 的在线监测时方法很相似。通过电压互感器（或电阻分压器）和电流互感器测量电缆的电压、电流值，采用矢量计算法来在线监测电缆的 tanδ 值（当采用可携型 tanδ 在线监测仪时常用高压电阻杆进行分压）。对电缆绝缘层的 tanδ 在线监测的电路如图 9-15 所示。

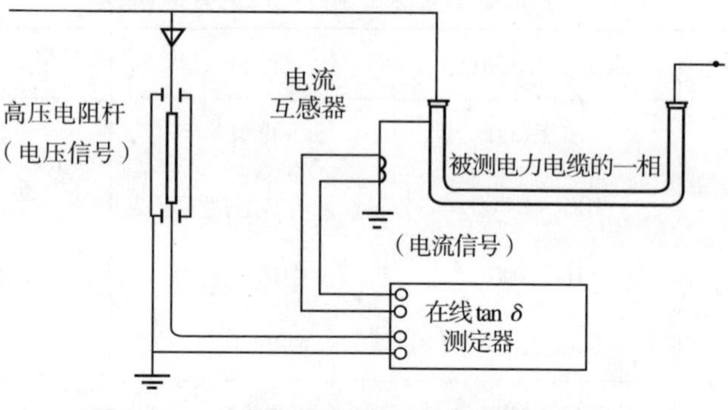

图 9-15　对电缆缘层的 tanδ 在线监测的电路

电缆绝缘层 tanδ 的在线监测能分析发现整条电缆中是否存在水树枝的绝缘缺陷，并进行劣化诊断，但该试验只能针对部分较特殊结构的电力电缆，适应面太窄，不能大面积普及。

一般认为，对发现集中性的缺陷采用直流法较好，因为 tanδ 值反映的往往是普遍性的缺陷，个别集中性的缺陷不会引起 tanδ 值的显著变化，所以需要综合多种在线监测的结果进行分析。

由直流成分法、直流叠加法和在线 tanδ 法三种方法组成一体的电缆在线监测仪已经投入使用了。例如，表 9-2 中列出 6 kV XLPE 绝缘电缆在线监测的判据：如果三种方法测量的结果均为“*a*”，则判为“良好”；如有一个或更多为“*b*”，则判为“注意”，宜进一步检查。

表 9-2　6 kV XLPE 绝缘电缆在线监测的判据

在线监测方法	判为“*a*”	判为“*b*”
直流成分法	≤1 nA	> 1 nA
直流叠加法	≤3 nA	> 3 nA
在线 tan*δ* 法	≤0.5%	> 0.5%

四、局部放电法

局部放电的在线监测对于监测局部缺陷是很有价值的。有时在个别的位置出现较强烈的局部放电可导致电缆的击穿。

常见的电缆局部放电法有局部放电监测仪(测量放电量)、接地线脉冲电流法、电磁耦合法、超声波法,可以对电缆及其附件进行监测,但由于电缆长、电容量大,对其进行在线监测时外界干扰的影响十分严重,在线监测困难较大。

由于电缆的终端及连接盒是在现场制作和安装的,绝缘质量往往不如电缆本体,因而对电缆附件的在线监测显得更为重要。

下面介绍几种在线监测电缆局部放电的方法。

(一)局部放电量

采用局部放电监测仪对电缆进行局部放电试验,监测放电量的大小来判断电缆绝缘的好坏。

(二)超声波法

用超声波传感器来监测局部放电的优点是抗干扰性能好,但测得的信号与放电点和传感器之间的距离有关,因此超声波法对定位更有利。通过实践分析可知,超声信号的强弱与局部放电量的大小几乎成正比。

(三)接地线脉冲电流法

通过实践发现,在现场要实现上述几种电缆绝缘的在线监测,有时还有不少困难。例如,监测局部放电时,背景干扰相当大;对 XLPE 绝缘电缆进行 tan*δ* 测量时,由于该绝缘的 tan*δ* 值很小,往往难以测量。特别是当屏蔽层对地绝缘电阻很小时,在线监测 tan*δ* 更受影响。直流叠加法较易于实现在线监测,但当护层绝缘电阻太低时,也难以获得正确的读数,因此建议改用在线监测通过接地线的电容电流的增量 ΔI_g 的方法,如图 9-16 所示。

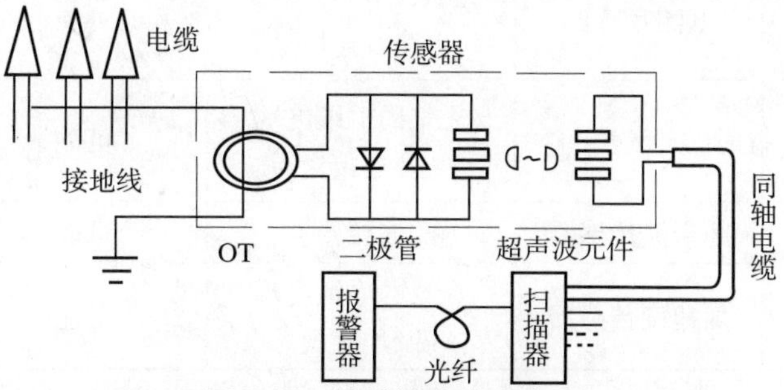

图 9-16　接地线脉冲电流法

该方法简便易行，常在接地线上套以电流传感器即可实现，但在测量时另一端电缆头处的接地线要临时断开。

（四）低频重叠法

低频重叠法的原理是在电力电缆线路上叠加频率为0.5 Hz的电压后，对绝缘电阻进行在线监测。

电缆绝缘层可以看做R和C并联等值电路，当外施电压为低频而非工频时，流过绝缘层的容性电流$I_C = U\omega C$较工频时小，而阻性电流I_R却无明显变化，因而易从总电流中分出I_R来，因此$\tan\delta = 1/(\omega CR)$，随着频率的下降，等值$\tan\delta$增大，也易于测准。

四种电缆绝缘在线监测方法的比较如表9-3所示。五种在线监测电缆局部放电的方法如表9-4所示。

表9-3　四种电缆绝缘在线监测方法的比较

方法	特征	使用情况	在线监测特点
直流叠加法	测得反映劣化的绝对量，可能监测局部损坏	应用较广泛	常在PT中性点处叠加低压直流，宜用于在线监测
局部放电法	能监测出缺陷处发生的局部放电	在线监测困难较大	理论上可在线监测，问题在于排除干扰
在线$\tan\delta$法	在运行电压下能监测劣化	应用较多	要注意在线监测仪的设计方面
直流成分法	此直流分量有可能反映劣化的绝对量	已经开始用于在线监测	因电流小，更要排除杂散电流的影响

表9-4　五种在线监测电缆局部放电的方法

测量方法	测量仪器	测量对象举例	在线监测	灵敏度(pC)
局部放电量	局部放电监测仪	油纸、XLPE绝缘电缆及连接盒	困难	< 10
接地线脉冲电流法	电流互感器	油纸、XLPE绝缘电缆及连接盒	可能	< 100
电磁波法	天线	充气的电缆终端及连接盒	可能	< 1 000
超声波法	超声波传感器	连接盒	可能	< 1 000
振动加速度法	加速度传感器	充气的电缆终端及连接盒	可能	< 1 000

五、电缆故障在线监测报警系统

电缆故障在线监测报警系统主要用于变电站多回路的主电力电缆和各分支电力电缆各种故障的实时监控，并准确、快速地判断故障点的具体定位。整个系统在高性能的工业控制计算机协调控制下，实时监控，通过汉字显示、声光报警方式提示故障点性质和具体位置，以便电缆维护人员及时采取措施，防患于未然，彻底克服电缆故障引起的连锁着火事故，保障安全生产，提高国民经济效益。

第六节　氧化锌避雷器的在线监测

氧化锌避雷器的在线监测，主要是监测阀片是否受潮或老化。目前使用的氧化锌避雷器一般无间隙。氧化锌阀片在正常运行电压下，总的泄漏电流（全电流）包含阻性电流和容性电流，一般只有数十微安的微小电流通过阀片电阻 R（常称为阻性电流分量 I_R），而通过阀片的容性电流 I_C 可在几百微安以上。

当阀片老化、避雷器受潮、内部绝缘部件受损以及表面严重污秽时，容性电流变化不大，阻性电流增加较大。因此，对氧化锌避雷器进行全电流监测，方法简单，可以在一定程度上反映避雷器的绝缘状况，但不如监测阻性电流灵敏。氧化锌避雷器的在线监测通常有补偿法和谐波法两种。补偿法误差较小，但测量时必须引入电网电压信号，有时无法实现。谐波法测量时，无须动用电网的 TV，不需断开避雷器的接地线，仅用钳型 TA 直接钳在避雷器的接地线上，即可测得氧化锌避雷器的全泄漏电流和阻性泄漏电流。

一、全电流法

全电流带电监测原理接线如图 9-17 所示。

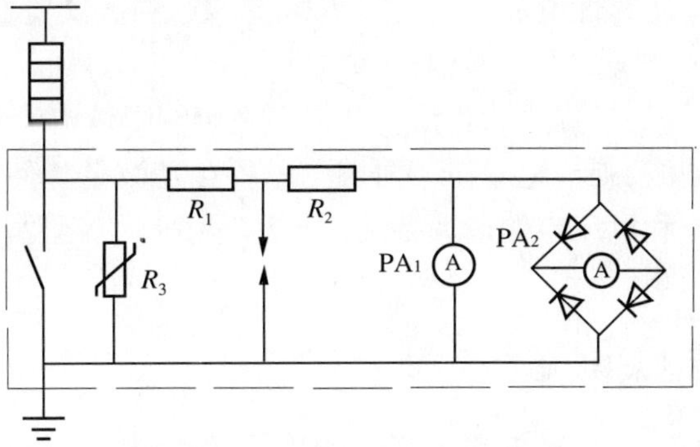

图 9-17　全电流带电监测原理接线

使用交流毫安表 PA_1 或万用表的交流毫安挡，也可将经桥式整流连接的直流毫安表 PA_2，并接在动作计数器或接地开关上测量全电流。

当电流增大到 2～3 倍时，认为已达到危险界限。现场测量经验表明，这一标准可以有效地监测氧化锌避雷器在运行中的劣化情况。

图 9-17 中，R_3 是保护阀片，保护间隙为放电管，用以防止避雷器劣化后的较大电流

引起设备损坏。并联在动作计数器上时，应考虑动作计数器内阻的影响。

全电流法的特点：方法简便可行，发现受潮灵敏；但对早期老化不灵敏，往往要等阻性电流增大几倍后才能发现。

二、补偿法监测阻性电流

为了能发现 MOA 的早期老化，较好的方法是对运行时流过 MOA 的阻性电流分量 I_R，或由此产生的功耗 P 实行在线监测。阻性电流测量原理接线如图 9-18 所示。

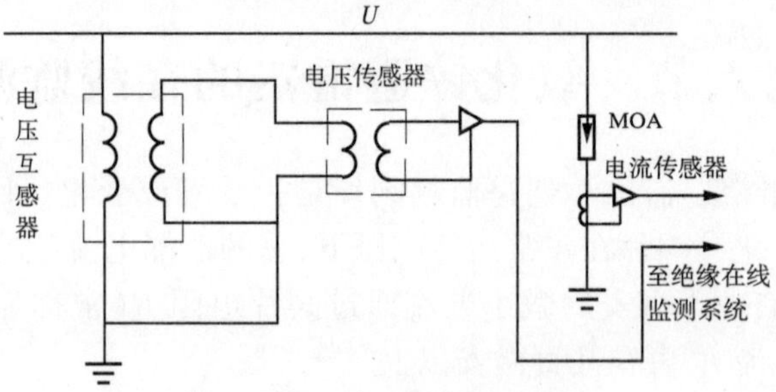

图 9-18　阻性电流测量原理接线

直接测量阻性电流分量 I_R 需要同时抽取系统电压信号，以便能够消除总泄漏电流中的电容电流分量 I_C，其基本原理与容性设备的阻性电流监测相同。

监测原理：利用变电站母线电压互感器，经过电压传感器获取电压信号。利用电流传感器获取电流信号，其数据处理程序与测量 $\tan\delta$ 值相同。在测 $\tan\delta$ 中需将 I_R、I_C 从电流 I 中分离出来，然后按公式 $\tan\delta = I_R/I_C$ 进行计算。而在避雷器中，只需将 I_R 分离出来即可。

这种类型的阻性电流监测仪比较方便实用，因为它是以钳形电流互感器取样，不必断开避雷器接地线，而且不需要人工调节，自动补偿能直接读取 I_R 及 P（功率损耗）。但如果测试现场的电场干扰使容性电流与电压不是相差 90°，测试仪器不能将 I_C 完全补偿掉，会造成很大的误差。

另外，电网谐波电压是从幅值和相位两个方面来影响阻性电流测量值的。分析表明，若只测阻性电流中的基波，则不论避雷器两端电压所含基波量如何，I_{R1} 总是定值。因此，采用滤波技术滤除电流和电压中的谐波分量，可以排除氧化锌避雷器两端电压中所含谐波对阻性电流测量的影响。

三、谐波法测量泄漏电流

由氧化锌避雷器的等值电路可知，全电流由阻性电流和容性电流组成。由于氧化锌阀片的非线性，阻性电流中包含基波分量和谐波分量。假设电网电压中只有基波分量，容性电流中也只有基波分量，那么只要在测出的全电流中滤除基波分量，剩下的只有反映阻性电流变化的谐波电流。如果能得到谐波电流与阻性电流之间的比率关系 K，即可得到阻性电流 I_R。分析表明，K 可以通过计算或试验得到。根据此原理构成的测量方法有谐波法和零序电流法。

典型的谐波法测量原理接线如图 9-19 所示。

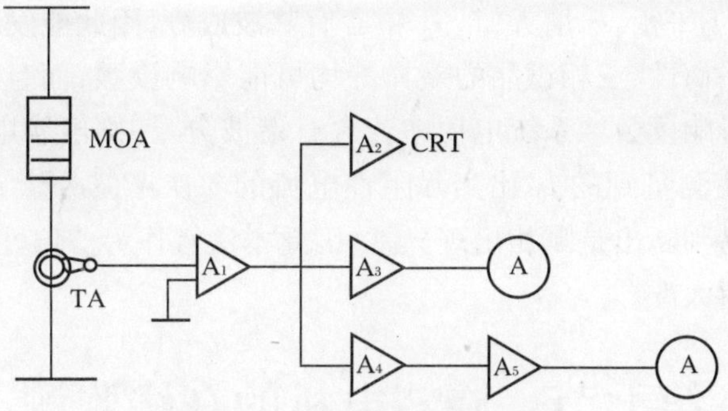

图 9-19　谐波法测量原理接线

谐波法测量电路主要由直接钳于避雷器接地线上的 TA 探头、I_0 通道放大器、I_R 通道放大器及指示电表组成。

A_1——通常由低噪声前置放大器和增益可变的放大器组成，以适应不同量程的泄漏电流监测的需要。

A_2——射极跟随器，使仪器可外接各种型号的同步示波器，以观察 I_0 的波形，便于分析。

A_3——有效值检波器，其输出直接送至指示电表，读取全泄漏电流。

A_4、A_5——带通滤波器，当测量 3 次谐波时，其中心频率取 150 Hz，然后送至指示电表指示其谐波分量，通常经一修正值使电表直接指示阻性电流值。

谐波法仪器的电路结构简单、测量方便，只要用 TA 探头钳在避雷器的接地线上就可以直接读取避雷器的全泄漏电流值和阻性泄漏电流值。但由于它将测量的泄漏电流的谐波分量来代替 I_R，所以测量值会受到电网中的谐波分量的影响。

采用比较法判断氧化锌避雷器是否老化，即避雷器投入电网运行时的泄漏电流、阻性电流值和运行一段时间后的 I_0 和 I_R 的变化值（主要是 I_R 的变化值）。当监测值大于 0.5 ~ 2 倍初始值时，即需加强监测，直至退出运行。

四、零序电流法

从避雷器三相总泄漏电流中监测出 3 次谐波阻性电流分量 I_{R3}，此法又叫零序电流法，如图 9-20 所示。

零序电流通过三相接地线上的 TA 测得。当系统电压平衡、不含谐波分量、三相避雷器特性一致时，三相电流中的基波分量（容性电流 I_C 和基波阻性电流 I_{R1}）互相抵消，接地线中只剩下三次谐波零序电流 I_0，它等于各相 3 次谐波阻性电流之和，即 $I_0 = 3I_{R3}$。根据氧化锌避雷器的总阻性电流 I_R 与 3 次谐波阻性电流 I_{R3} 之间存在一定的比例关系，可以得出总阻性电流的大小（峰值）。此外，氧化锌避雷器正常时的 I_{R3} 数值较小，当一相或三相避雷器出

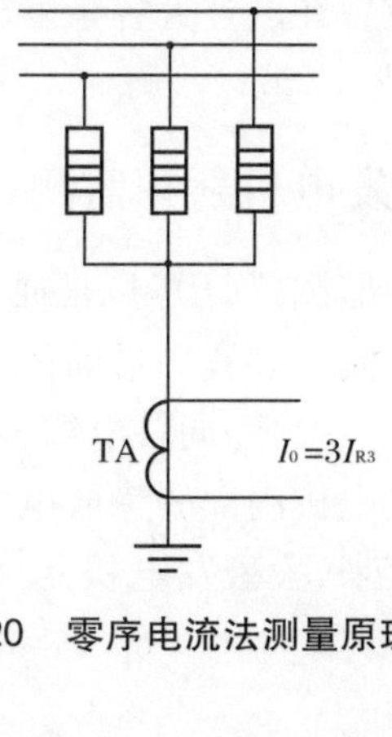

图 9-20　零序电流法测量原理接线

现问题时，三相电流不平衡，I_0 增大，且 I_0 中含有基波成分，因此能发现故障。

电源电压的不平衡性、三相试品的差异等均可能影响读数，而且当磁套表面潮湿时，表面泄漏电流也将影响读数。系统电压中若含有谐波分量，则电容电流也将含 3 次谐波 I_{C3}，与 I_{R3} 叠加后将使测量到的 I_0 比实际阻性电流的 3 次谐波分量 I_{R3} 增大很多，造成错觉。I_0 有变化时不易判断出是哪相出现异常，因此本法宜作为普遍性初测的一种方法，判断的界限不能规定得太严。

第七节　旋转电机的在线监测

旋转电机的工作电压不高，但因其绕组嵌于槽内，其绝缘尺寸极其有限，绝缘工作条件相当恶劣，以至于绝缘层内、外的气隙在工作电压下的电晕难以完全避免。旋转电机绝缘损坏的原因，除静态型电气设备所具有的原因外，还可能有机械转动、摩擦导致的绝缘损坏，所以监测其绝缘性能更为重要和必要。

常用的监测装置有以下几种。

一、发电机绝缘过热监测装置

发电机绝缘过热监测装置是在线监测发电机内部绝缘过热故障的一种仪器。

工作原理如下：仪器监测部分的气路与发电机本体构成密闭循环系统，当发电机正常运行时，机内冷却气体在风扇压力作用下，流经涂有放射源的离子室，受到离子室内放射性物质所产生的 α 射线的轰击，使冷却气体发生电离，产生的正、负离子在直流电场作用下，形成极为微弱的电离电流，此电流经直流放大器放大后，由电流表指示。当运行中的发电机内部绝缘有局部过热时，过热的绝缘材料会发生热分解，产生冷凝核。冷凝核随冷气体进入离子室，由于冷凝核比气体分子的体积大而且重，负离子附着在冷凝核上，使负离子运动速度降低，电离电流减小，反映在电流表上的指示值下降。当电流下降到某一整定值时，监测装置即发出绝缘过热报警信号。

通过取样分析，能初步判断发电机绝缘过热部位，以便采取措施防止因绝缘过热故障扩大而导致发电机烧毁的重大事故。

该装置在国外大容量发电机中几乎均装设，我国 300 MW 及以上发电机生产厂家也配套供应。

二、发电机射频监测仪

射频监测仪（RFM）是通过监测局部放电的射频信号，对运行中的发电机故障放电进行在线监测的装置。目前使用较多的监测系统是将一个特制的高频电流互感器串接于发电机中性点上，经同轴电缆连接到射频测量仪上，对机内射频信号的脉冲电流进行监测，实现对发电机内部故障放电情况作定量的在线监测与报警，其原理接线如图 9-21 所示。

近年来，大型发电机定子绕组相间短路事故时有发生，其原因之一是绕组内股线断裂。

三、光纤测振仪

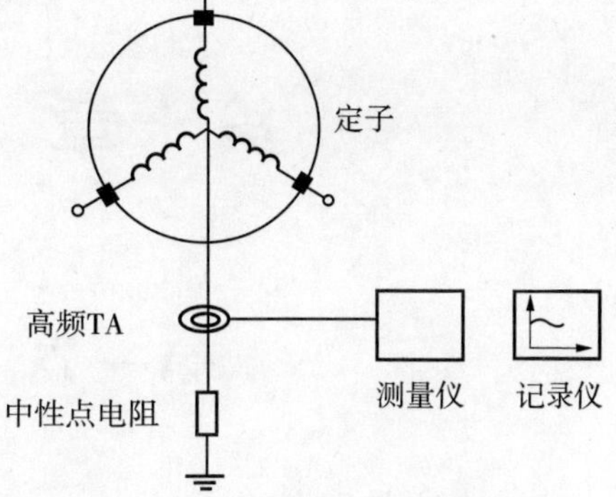

图 9-21　中性点射频法监测原理接线

光纤测振仪是用来测量运行中定子绕组端部振动的仪器，由安装在定子绕组端部上的光纤振动传感器与位于发电机外部的多通道监视器组成。光纤振动传感器将运行中定子绕组端部振动信号通过光纤电缆传送给多通道监视器，以监视定子的振动情况。由于振动信号的传送采用光纤电缆，除振动测量不受电磁场的干扰外，还解决了与定子绕组高电位区的电气绝缘问题。

本章小结

本章介绍了电气设备绝缘在线监测的意义及绝缘在线监测系统的组成，较详细地介绍了电力变压器、高压断路器、高压电容型设备、电力电缆、氧化锌避雷器及旋转电机在线监测的方法和原理。

通过学习应了解各种电气设备在线监测的方法和原理，重点掌握电气设备在线监测的测量方法，提高对试验中可能出现的异常现象及试验结果的分析判断能力。

习　题

9-1　简述绝缘在线监测的意义。

9-2　绘图说明避雷器进行泄漏电流在线监测的方法，对监测结果如何分析、判断？

9-3　绘图说明对电容式套管介质损耗进行在线监测的方法。

0-4　氧化锌避雷器在线监测的常用方法有哪些？

9-5　发电机在线监测的方法有哪些？

9-6　电力电缆在线监测的方法有哪些？

9-7　电力变压器在线监测的方法有哪些？

第十章 接地装置试验

第一节 接地的基本概念

一、接地装置的分类

在由发电厂、变电所和输电线路组成的电力系统中,所有电气设备及杆塔的不带电金属体都需要接地。接地是通过接地引下线及直接埋入地中的接地体两部分组成的接地装置来实现的。

接地按要求分为工作接地、保护接地、过电压保护接地和防静电接地四种。

(1)工作接地。在电力系统中因正常运行需要的接地,如电力系统中性点接地。

(2)保护接地。为了保护人身安全将电力设备的金属外壳、金属杆塔进行接地。

(3)过电压保护接地。为了消除、限制过电压的威胁而设的接地,如避雷器的接地、避雷针的接地。

(4)防静电接地。为释放静电电荷、防止静电危险而设置的接地,如易燃油、天燃气罐和管道的接地等。

二、接地的几个基本概念

(一)接地体

埋在地中与大地良好接触的金属导体或金属导体组称为接地体,可以分为人工接地体和自然接地体。按在地中的埋设方式不同,可分为水平接地体和垂直接地体。

(二)接地线

电气设备的接地部分与接地体连接用的金属导线称为接地线。

(三)接地装置

接地体和接地线的总和称为接地装置。

(四)地

电气上的地,其特点是该处土壤中没有电流,即该处电位等于零。

三、接地电阻的要求

几种电力设备接地电阻的允许值如表 10-1 所示。

四、接地装置的形式

(一)有避雷线的线路

(1)$\rho \leqslant 100\ \Omega \cdot \mathrm{m}$ 的潮湿地区,可利用铁塔和钢筋混凝土杆的自然接地,不必另设防雷接地。

表 10-1　几种电力设备接地电阻的允许值

序号	设备名称		接地电阻的允许值(Ω)
1	大接地短路电流系统的电力设备		$R \leqslant \frac{2\,000}{I}$ $I > 4\,000\text{A}, R < 0.5$
2	小接地短路电流系统的电力设备		$R \leqslant \frac{250}{I}$
3	小接地短路电流系统中无避雷线的配电线路杆塔		30
4	有避雷线的配电线路杆塔	$\rho < 100\ \Omega \cdot \text{m}$	10
		$\rho = 100 \sim 500\ \Omega \cdot \text{m}$	15
		$\rho = 500 \sim 1\,000\ \Omega \cdot \text{m}$	20
		$\rho = 1\,000 \sim 2\,000\ \Omega \cdot \text{m}$	25
		$\rho > 2\,000\ \Omega \cdot \text{m}$	30
5	配电变压器	100 kVA 及以上	4
		100 kVA 及以下	10
6	阀型避雷器		10
7	独立避雷针		10
8	装于线路交叉点、绝缘弱点的管型避雷器		10 ~ 20
9	装于线路上的火花间隙		10 ~ 20
10	变电站的进线段设备装管型避雷器处		10
11	发电厂的进线段设备装管型避雷器处		5
12	发电厂的进线段设备装阀型避雷器处		3
13	人身安全接地设备		4
14	接户线的第一根杆塔		30
15	带电作业的临时接地装置		5 ~ 10
16	高土壤电阻率地区	小接地短路电流系统	15
		大接地短路电流系统	5

(2)$100\ \Omega \cdot \text{m} < \rho \leqslant 300\ \Omega \cdot \text{m}$ 的地区,除利用铁塔和钢筋混凝土杆的自然接地外,还应设人工接地装置,接地体埋深不宜小于 0.6 m。

(3)$300\ \Omega \cdot \text{m} < \rho \leqslant 2\,000\ \Omega \cdot \text{m}$ 的地区,一般采用水平敷设的人工接地装置,接地体埋深不宜小于 0.5 m。

(4)$\rho > 2\,000\ \Omega \cdot \text{m}$ 的地区,可采用 6 ~ 8 根总长度不超过 500 m 的放射形接地体,伸长接地体只在 40 ~ 60 m 有效,不宜太长。

(5)居民区和水田中的接地装置,包括临时接地装置,宜围绕杆塔基础敷设成闭合环形。

(二)变电所接地网

变电所接地网应满足工作、安全和防雷保护的接地要求。一般的做法是:根据安全和工作接地的要求,敷设一个统一的接地网,然后再在避雷针和避雷器下面加装集中接地体以满足防雷接地的要求。

变电所接地网的接地体一般以水平接地体为主,并采用网格形,使地面电位比较均匀。接地网均压带的总根数在 18 根及以下时，用长孔地网较经济；在 19 根及以上时，用方孔地网较经济。

接地网常用 4×40 m 扁钢或 $\phi 20$ mm 圆钢敷设，埋地 $0.6 \sim 0.8$ m，其面积大体与变电所的面积相同，两水平接地带的间距为 $3 \sim 10$ m，需按接触电压和跨步电压的要求确定。

接地网的总电阻 $R(\Omega)$ 可按下式估算：

$$R = \frac{0.44\rho}{\sqrt{S}} + \frac{\rho}{L} \approx \frac{0.5\rho}{\sqrt{S}}$$

式中 L——接地体的总长度，m；

S——接地网的总面积，m^2；

ρ——土壤电阻率，$\Omega \cdot m$。

五、接地电阻的计算

（一）垂直接地体的接地电阻

垂直接地体的接地电阻的计算公式如下：

$$R_{gc} = \frac{\rho}{2\pi L}\left(\ln\frac{8L}{d} - 1\right)$$

式中 R_{gc}——垂直接地体的接地电阻，Ω；

L——接地体长度，m；

d——接地体用圆钢时的直径，m，若为角钢，$d = 0.84b$（b 为角钢边宽），若用扁钢，$d = 0.5b$（b 为扁钢宽度）。

（二）水平接地体的接地电阻

水平接地体的接地电阻的计算公式如下：

$$R_{gp} = \frac{\rho}{2\pi L}\left(\ln\frac{L^2}{dh} + A\right)$$

式中 R_{gp}——水平接地体的接地电阻，Ω；

L——接地体的总长度，m；

d——水平接地体的直径，m；

h——水平接地体的埋设深度，m；

A——水平接地体的形状系数。

（三）冲击接地电阻

冲击系数

$$a = R_{ch}/R_g$$

式中 R_{ch}——冲击接地电阻，Ω；

R_g——工频接地电阻，Ω。

a 值可按下述经验公式计算：

$$a = \frac{1}{0.9 + K\dfrac{(I\rho)^{0.8}}{L^{1.2}}}$$

式中　K——系数,采用垂直接地体时为0.9,采用水平接地体时为2.2;

I——通过每根接地体的雷电流幅值,kA;

ρ——土壤电阻率,kΩ·m,取雷季中最大可能值;

L——棒或带的长度,或圆环接地体的圆环直径,m。

第二节　接地电阻的测量方法

测量接地电阻的方法最常用的有电压、电流表法,比率计法和电桥法。对大型接地装置,如110 kV及以上变电所接地网,或地网对角线$D\geqslant60$ m的地网,不能采用比率计法和电桥法,而应采用电压、电流表法,且施加的电流要达到一定值,测量导则要求不宜小于30 A。

一、电压、电流表法

采用电压、电流表法测量接地电阻的试验接线如图10-1所示。

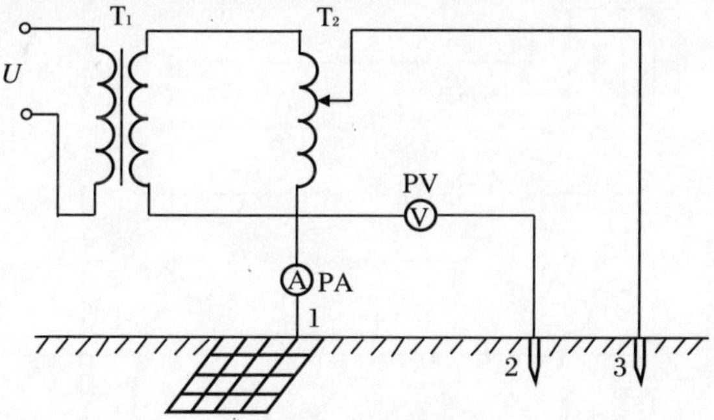

T_1—隔离变压器;T_2—变压器;1—接地网;2—电压极;3—电流极

图10-1　电压、电流表法测量接地电阻的试验接线

这是一种常用的方法,施加电源后,同时读取电流表和电压表值,并按下式计算接地电阻,即

$$R_g=\frac{U}{I}$$

式中　R_g——接地电阻,Ω;

U——实测电压,V;

I——实测电流,A。

在图10-1中,隔离变压器T_1可使用50~200 kVA发电厂或变电所的厂用变压器或所用变压器,把二次侧的中性点和接地解开,专供提供试验电源用;调压器T_2可使用50~200 kVA的移圈式或其他形式的调压器;电压表PV要求准确级不低于1.0级,电压表的输入阻抗不小于100 kΩ,最好用分辨率不大于1%的数字电压表(满量程约为50 V);电流表PA准确级不低于1.0级。

(一)电极为直线布置

发电厂和变电所接地网接地电阻采用直线布置三极时,其电极布置和电位分布如图10-2所示。

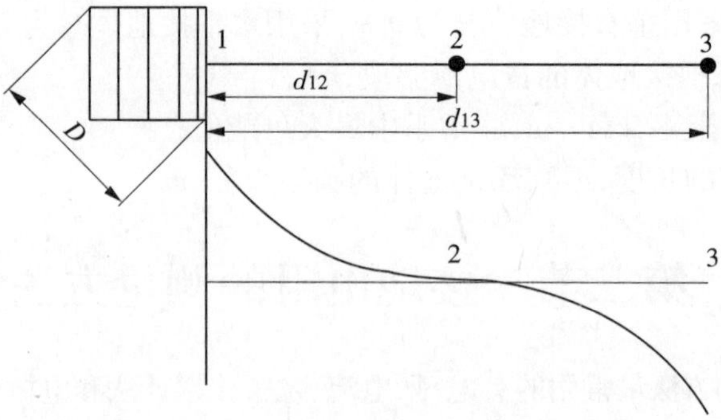

1—被测接地体;2—测量用的电压极;3—测量用的电流极

图 10-2　测量工频接地装置的直线三极法电极和电位分布示意图

直线三极法是指电流极和电压极沿直线布置。三极是指被测接地体 1,测量用的电压极 2 和测量用的电流极 3。三极法的原理接线如图 10-3 所示。

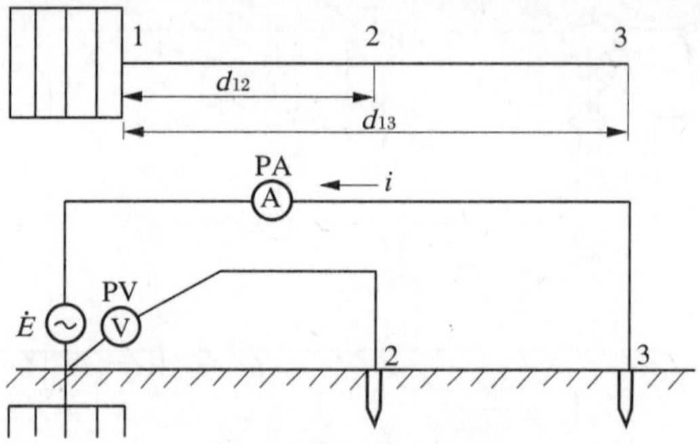

图 10-3　三极法的原理接线

一般,$d_{13}=(4\sim5)D$,$d_{12}=(0.5\sim0.6)d_{13}$,$D$ 为被测接地装置最大对角线的长度,点 2 可以认为是处在实际的零电位区内。

具体试验步骤如下:

(1)按图 10-2 接好试验接线,并检查无误。

(2)用调压器升压,并记录相对应的电压和电流值,直至升到预定值,如 60 A,并记录对应的电压值。

(3)将电压极 2 沿接地体和电流极方向前后移动三次,每次移动的距离为 d_{13} 的 5% 左右,重复以上试验步骤,三次测得的接地电阻值与平均值之比不超过 5% 即可。然后计算三个数的算术平均值,并将其作为接地体的接地电阻。

当 d_{13} 取$(4\sim5)D$ 有困难时,在土壤电阻率较为均匀的地区,可取 $d_{13}=2D$,$d_{12}=1.2D$;在土壤电阻率不均匀的地区,可取 $d_{13}=3D$,$d_{12}=1.7D$。

(二)电极为三角形布置

电极三角形布置示意图如图 10-4 所示。

此时,一般取 $d_{12}=d_{13}\geqslant 2D$,夹角 $\theta\approx30°$(或 $d_{23}=0.5d_{12}$)。

当测量大型接地体的接地电阻时,宜用电压、电流表法,电极采用三角形布置。因为

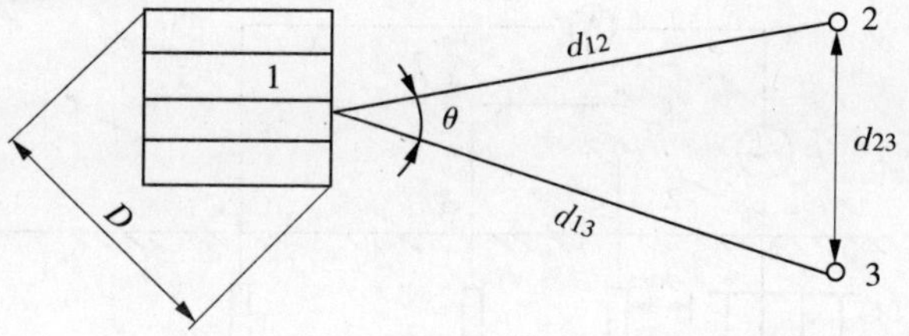

1—接地体;2—电压极;3—电流极

图 10-4　电极三角形布置示意图

它与直线法比较有下列优点:

(1)可以减小引线间互感的影响。

(2)在不均匀土壤中,当 $d_{13}=2D$ 时,用三角形法的测量结果相当于 $3D$ 直线法的测量结果。

(3)当采用三角形法时,电压极附近的电位变化较缓,29°~60°的电位变化相当于直线法(0.5~0.618)d_{13}的电位变化。

接地电阻 R_g 为

$$R_g=\frac{U_{12}}{I}\left[1-a\left(\frac{1}{d_{13}}+\frac{1}{d_{12}}-\frac{1}{\sqrt{d_{12}^2d_{13}^2-2d_{12}d_{13}\cos\theta}}\right)\right]$$

式中　U_{12}——电压极与被测接地装置之间的电压;

I——通过接地装置流入地中的测试电流;

a——被测接地装置的等效球半径;

d_{12}——电压极和被测接地装置的等效中心距离;

d_{13}——电流极和被测接地装置的等效中心距离;

θ——电压极和接地装置等效中心的连线与电流极和接地装置等效中心的连接线之间的夹角,一般取30°。

(三)四极补偿法

当被测接地装置的对角线较长,或在某些地区(山区或城区)按要求布置电流极和电压极有困难时,可以利用变电所的一回输电线的两相导线作为电流线和电压线。由于两相导线即电压线与电流线之间的距离较小,电压线与电流线之间的互感会引起测量误差,这时可用四极补偿法进行测量。图 10-5 是消除电压线和电流线之间的互感影响的四极法的原理接线图。

图 10-5 中的四极是指被测接地装置 G、测量用的电压极 P、电流极 C 以及辅助电极 S。辅助电极 S 与被测接地装置边缘的距离 $d_{GS}=30\sim100$ m,用高输入阻抗电压表测量 2 点与 3 点,3 点与 4 点以及 4 点与 2 点之间的电压 U_{23}、U_{34} 和 U_{42},以及用电流表测量通过接地装置流入地中的电流 I,则可得到被测接地装置的工频接地电阻 R_G,即

$$R_G=\frac{1}{2U_{23}I}(U_{42}^2+U_{23}^2-U_{34}^2)$$

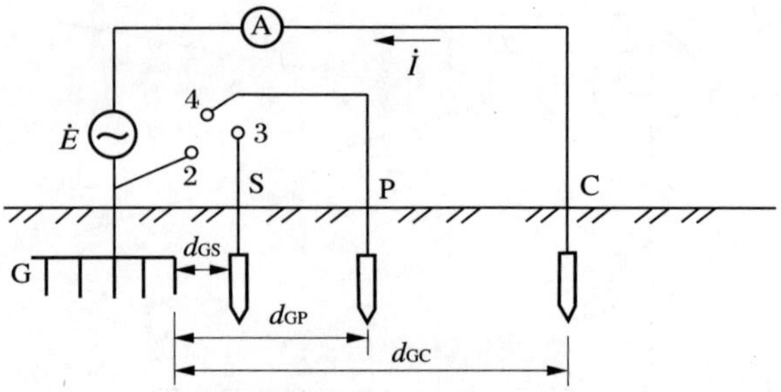

G—被测接地装置;P—测量用的电压极;C—测量用的电流极;S—辅助电极

图 10-5　四极法测量工频接地电阻的原理接线图

同时,为了减小电压线和电流线之间互感的影响,可使用架空线的一相作电流线,另外再从地面放一根电压测试线,两根线沿同一方向布线,但应保持一定的距离,最好能大于 10 m。

在试验中如遇到升高电流有困难的情况,应检查架空线路的导线接头是否接触好,接触电阻是否过大,电流极和电压极的接地是否可靠,如不可靠,在测试电流极和电压极四周加盐水处理。例如,我们对水电厂的接地电阻测试时,调压器调到满量程却升不起电流,最后检查是由于试验时所用的 35 kV 架空线路导线弓子接头长期失修、氧化,使接头处电阻过大所导致的,经处理后电流才会升到预定值。

测量注意事项:

(1)试验时用交流电源测量接地电阻时,应采用独立电源,通常采用单独的所用变压器,并把中性点和接地点打开,以防分流引出误差,或升不起电流。也可使用 1∶1 的隔离变压器,其中性点接至被测接地体,相线接至电流极。电压的高低根据电流回路阻抗和所需要的升高的电流进行估算。在满足测量要求的前提下,应尽量采用较低的电压。

(2)在许多变电所中,输电线路的架空地线是与变电所接地装置连接在一起的,这会影响变电所接地装置接地电阻的测量结果。因此,在测量时,应把架空线路的避雷线与变电所接地装置的电路连接断开。

(3)为了得到较大的测试电流,一般要求电流极的接地电阻不大于 10 Ω,也可利用杆塔的接地装置作为电流极。

(4)电流极处因要注入较大的电流,会对附近的人畜造成伤害,因此在测量时要有专人监护。

(5)在试验时电流引线要流过较大的电流,因此电流回路要有较大的导线截面。

(6)为了减小干扰的影响,测量线应尽可能远离运行中的输电线路,或与之垂直。

二、比率计法

采用比率计法测量接地电阻的试验接线如图 10-6 所示。

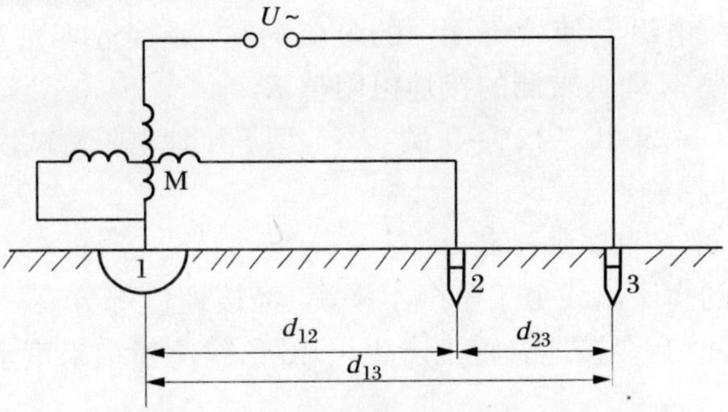

1—接地体;2—电压极;3—电流极;M—比率计

图 10-6　比率计法的试验接线

比率计 M 指针的偏转与两个线圈流过的电流比成比例,事先将比率计的刻度由电阻值校准,测量时可以直接从刻度上读出接地电阻值。如 MC－07 型、MC－08 型和 L－8 型比率计即是这种接线。

三、电桥法

(一)电桥法的工作原理

电桥法又称为电位法,试验原理接线如图 10-7 所示。

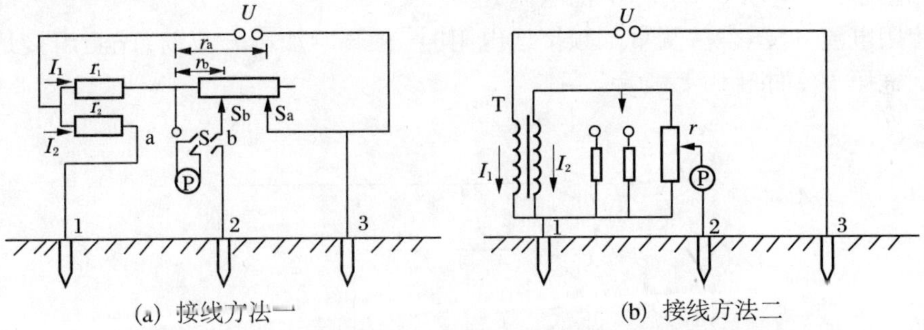

(a) 接线方法一　　(b) 接线方法二

1—接地体; 2—电压极; 3—电流极;P—检流计; S—开关;

S_a、S_b—滑动电阻调节手柄; r—滑线电阻; T—试验变压器

图 10-7　电桥型接地电阻测量仪的原理接线

以试验原理接线图 10-7(b)为例,分析其工作原理:

调节滑线电阻 r,使检流计(P)指针指零(或接近零)。此时,$I_1R_g = I_2r$,接地电阻为

$$R_g = \frac{I_2}{I_1}r$$

式中　R_g——接地装置的接地电阻。

在实际接地电阻测试中,取$\frac{I_2}{I_1}\cdot k = n$,$k$ 为倍数率电阻并随系数,n 为电桥倍率,于是得

$$R_g = kr$$

使用时，调节滑线电组 r，使检流计中的电流为零（或接近零），从刻度盘上读取电阻值，乘以所选择的倍率 n，即为被测的接地电阻值 R_g。

常用的 ZC－8、ZC－29、JD－1、L－9 型、E－1 型等接地电阻测试仪，都属于这类接线。

（二）消除干扰的措施

1. 消除接地体上零序电流的干扰

发电厂、变电所的高压出线由于负载不平衡，经接地体部分有一些零序电流流过，这些电流经过接地装置时会在接地装置上产生电压降，给测量结果带来误差，常用如下措施进行消除。

（1）增加测量电流的数值，消除杂散电流对测量结果的影响。

接地电阻 $R_g = U/I$，即接地电阻等于接地装置上的电压降与电流的比值。这个电压主要是试验时施加的测试电流产生的，但是如在地网中的零序电流较大，这个电流也会在接地装置上产生压降，影响测试结果。为了提高测试精度，最有效的办法是加大测试电流，以减小零序电流分量所占比例。

因此，相关测量导则规定：通过接地装置的测试电流大，接地装置中零序电流和干扰电压对测量结果的影响小，即工频接地电阻的实测值的误差小。为了减小工频接地电阻实测值的误差，通过接地装置的测试电流不宜小于 30 A。可见，加大测试电流的办法是减小零序电流干扰的最有效措施。

（2）测出干扰电压 U'，估算干扰电流 I'。

在使用电流、电压表法测量工频接地电阻时，在开始加压升流前，先测出接地装置的零序干扰电压 U'，如图 10-8 所示。

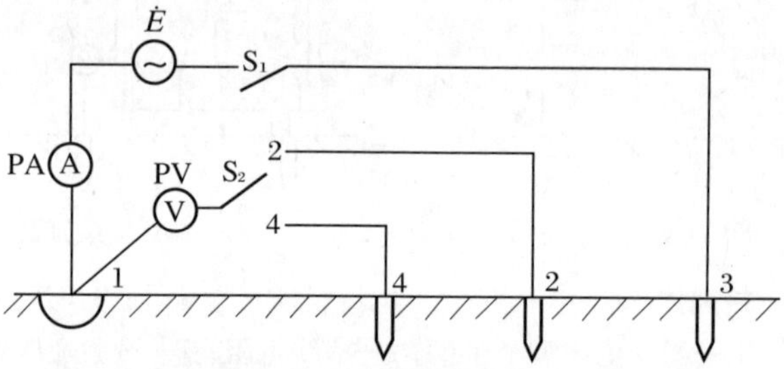

图 10-8　消除干扰测量结果影响的原理接线

按图 10-8 接好线后，升压前先将 S_1 断开，用电压表先测量零序干扰电压 U'_{12}、U'_{14} 和 U'_{24}，然后按下式估算零序干扰电流 I' 的值，即

$$I' = \frac{U'_{12}}{R_g}$$

式中　I'——零序干扰电流，A；

U'_{12}——零序干扰电压，V；

R_g——接地电阻估算值，Ω。

当估出零序干扰电流后，试验时所升的电流 $I = (15 \sim 20)I'$，可使测量误差不大于 5%。

(3)利用两次测量的结果,对数值进行校正,即先用电源正向升流测出 U_1,然后将电源反向,测量另一组数据 U_2 并测出干扰电压 U',则

$$U=\sqrt{\frac{U_1^2+U_2^2-3U'^2}{2}}$$

式中 U——校正后的电压,V;

U_1——电源反向前所测数值,V;

U_2——电源反向后所测数值,V;

U'——电源断开后测得的零序干扰电压,V。

如果外界干扰电流的频率与测量电流的频率不同时,则 $U_1=U_2$,此时

$$U=\sqrt{U_1^2-U'^2}$$

(4)对每一个测点用三相电压轮换测量三次,然后按下式计算接地电阻,即

$$R_g=\sqrt{\frac{U_a^2+U_b^2+U_c^2-3U'^2}{I_a^2+I_b^2+I_c^2-3I'^2}}$$

式中 R_g——接地电阻,Ω;

U_a、U_b、U_c——分别用A、B、C三相电压时测得的电压值,V;

I_a、I_b、I_c——与 U_a、U_b、U_c 电压相应的测量电流,A;

U'、I'——干扰电压和电流。

(5)为了准确地找到"零电位"区,可取 $d_{13}=(4\sim5)D$,$d_{12}=(0.5\sim0.6)d_{13}$。如 d_{13} 取 $(4\sim5)D$ 有困难,而接地装置周围的土壤电阻率又比较均匀,测量引线可适当缩短。当采用电极直线法布置,允许测量误差为 ±5% 时,电压极的允许范围如表10-2所示。

表10-2 电极直线法布置误差为 ±5% 时电压极的允许范围

d_{13}		$5D$	$3D$	$2D$
d_{12}/d_{13}	规定值	0.56 ~ 0.666	0.585 ~ 0.646	0.594 ~ 0.634
	近似值	0.62 ± 0.05	0.62 ± 0.03	0.62 ± 0.02

2. 消除引线互感对测量的干扰

当采用电流、电压表法测量接地电阻时,因电压线和电流线要一起保持很长的线距离,引线的互感就会对测量结果造成影响。为了消除、影响,通常采用以下措施:

(1)采用三角形法布置电极,因为采用三角形布置时,电压线和电流线相距得较远,互感也就小,不会造成大的影响。

(2)当采用停电的架空线路,直线布置电极时,可用一根架空线作为电流线,而电压线则要沿着地面布置,两者相距5~10 m。

(3)采用四极法可消除引线互感的影响,另外还可采用电压、电流表法和功率表法测量。

(三)对测量仪表和引丝截面的要求

(1)电压表应采用高内阻的,如数字电压表、静电电压表等。

(2)测量接地电阻所用的电压表、电流表、电流互感器等的准确级不应低于 0.5 级。

(3)测量时,电压极引线的截面面积不应小于 1.0 mm^2;电流极引线的截面面积由电流值的大小而定,选用以每平方毫米 5 A 为宜,与被测接地体连接的导线电阻,应不大于接地电阻的 2%,并要求接地体的引接处经除锈处理,接触良好,以避免测量误差。

第三节　土壤电阻率的测量

对于小面积接地网,测量其土壤电阻率常用三极法和四极法。

一、三极法测量土壤的电阻率

在需要测土壤电阻率的地方,埋入几何尺寸为已知的接地体,用测量接地电阻的方法测出接地体的接地电阻,然后计算出土壤电阻率。

用三极法测量土壤电阻率的电极布置如图 10-9 所示。测量采用的接地体为一根长 3 m、直径 50 mm 的钢管;或长 3 m、直径 25 mm 的圆钢;或长 10 ~ 15 m、40 mm × 4 mm 的扁铁,其埋入深度为 0.7 ~ 1.0 m。

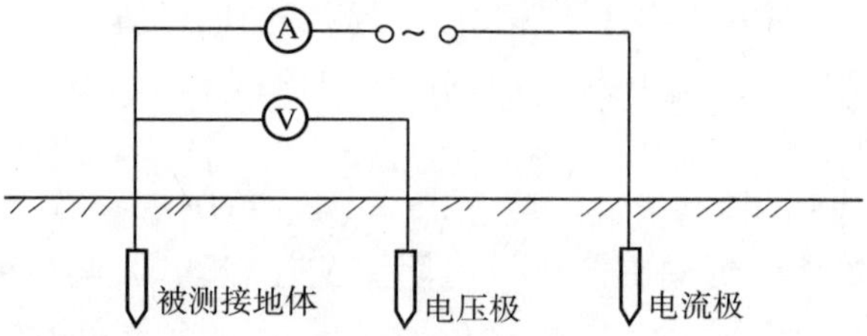

图 10-9　用三极法测量土壤电阻率的电极布置

(一)垂直接地体

采用垂直打入土壤中的圆钢测量接地电阻时,电压极距电流极和被测接地体 20 m 远即可。测得接地电阻后,由下式即可算出该处土壤电阻率,即

$$\rho = \frac{2\pi L R_g}{\ln \dfrac{4L}{d}}$$

式中　ρ——土壤电阻率,Ω · m;

L——垂直接地体的长度,m;

d——垂直接地体的外径,m;

R_g——垂直接地体的实测电阻,Ω。

(二)水平接地体

采用扁铁作为水平接地体时,测得接地电阻后,其土壤电阻率按下式计算,即

$$\rho = \frac{2\pi L R_g}{\ln \dfrac{2L^2}{bh}}$$

式中　ρ——土壤电阻率,Ω · m;

L——扁铁的长度,cm;

b——扁铁的宽度,cm;

h——扁铁中心线离地面的深度(近似于埋深),cm;

R_g——垂直接地体的实测电阻,Ω。

用三极法测量土壤电阻率时,接地体附近的土壤起着决定性作用,即这种办法测出的土壤电阻率,在很大程度上仅反映了接地体附近的土壤电阻率。这种方法的最大缺点是:在测量回路中测得的接地电阻 R_g 中,还包括了可能是相当大的接触电阻,从而引起较大误差。

此外,由于地的层状或剖面结构的不同,用上述方法换算出来的等值电阻率,只能是对应于被测接地体的尺寸和埋设状况相同的等值电阻率。这个等值电阻率对于不同类型和尺寸的接地体来说,差别是很大的,因而这种方法在工程实际中很少采用。

二、四极法测量土壤的电阻率

用四极法测量土壤电阻率的原理接线如图 10-10 所示。

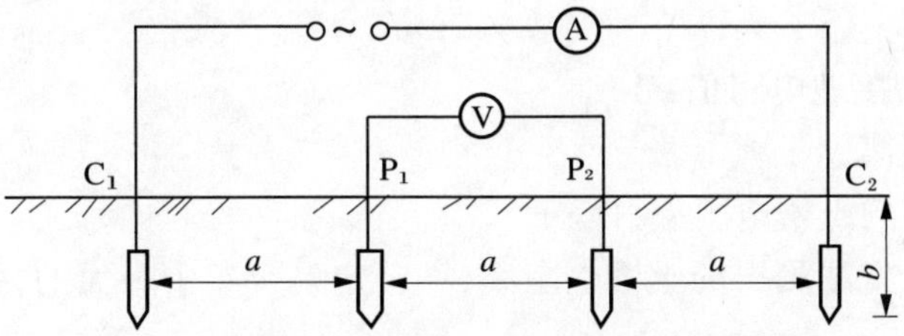

图 10-10　用四极法测量土壤电阻率的原理接线

用四根尺寸同样大小的接地棒在地面上沿一直线以等距离埋设。由外侧电极 C_1、C_2 通以电流 I,若电极埋深为 b,电极间距离为 $a(a \gg b)$,则 P_1、P_2 两电极上的对地电压分别为

$$U_{P1}=\frac{\rho I}{2\pi}\left(\frac{1}{a}-\frac{1}{2a}\right)$$

$$U_{P2}=\frac{\rho I}{2\pi}\left(\frac{1}{2a}-\frac{1}{a}\right)$$

两极间的电位差为

$$U_{P1}-U_{P2}=\frac{\rho I}{2\pi a}$$

即为电压表读数,以 U 表示,则

$$U=\frac{\rho I}{2\pi a}$$

式中　I——电流表的读数,A;

a——电极间的距离,m;

ρ——土壤电阻率,Ω · m。

所以

$$\rho=2\pi a\frac{U}{I}$$

测量时可用四根直径不小于1.5 cm、长度为0.5 m的圆钢作电极，埋深为0.1～0.15 m，并保持电极距离 a 等于电极埋深 b 的20倍(即 a 为2～3 m)。

四极法测得的土壤电阻率所反映的范围，与电极间的距离 a 有关。当 a 不大时，所测得土壤电阻率仅为大地表层的电阻率，反映的深度随 a 的增大而增大。

具有四个端子的接地电阻测定仪均可用来进行四极法的土壤电阻率测量。图10-11为ZC－28型接地电阻测定仪测量土壤电阻率的试验接线图。

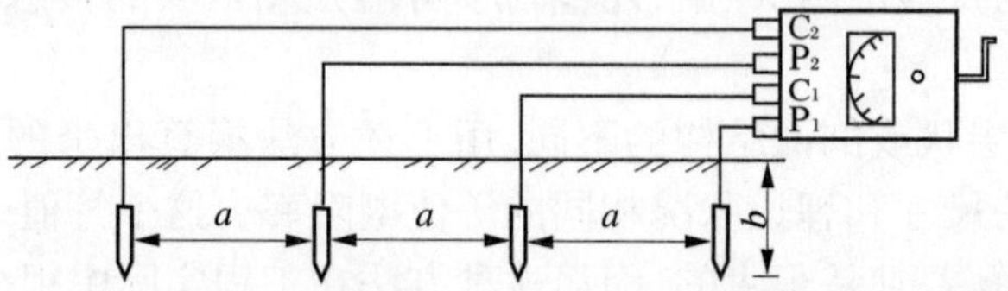

图10-11 ZC－28型接地电阻测定仪测量土壤电阻率的试验接线

在被测区沿直线埋入地下四根金属棒，彼此距离为 a，棒的埋入深度不应超过 a 的1/20，用测量接地电阻的方法测出接地电阻值，所测得土壤电阻率为

$$\rho = 2\pi a R$$

式中 R——测得的接地电阻值，Ω；

a——棒间距离，m；

ρ——该地区的土壤电阻率，Ω·m。

应注意，用以上方法测出的土壤电阻率，不一定是一年中最大的，所以应当进行校正。

三、大面积接地网

对大面积接地网，《规程》推荐采用电测法中的四极法测量土壤的电阻率。电测法通常使用的装置的基本接线如图10-12所示。

假定从 A 点流入的电流 I 为正，从 B 点流出的电流为负。根据点电荷电场的原理，M 点的电位为

$$U_M = \frac{I\rho_S}{2\pi}\left(\frac{1}{AM} - \frac{1}{BM}\right)$$

N 点的电位为

$$U_N = \frac{I\rho_S}{2\pi}\left(\frac{1}{AN} - \frac{1}{BN}\right)$$

MN 两点之间的电位差为

$$\Delta U_{MN} = U_M - U_N = \frac{I\rho_S}{2\pi}\left(\frac{1}{AM} - \frac{1}{BM} - \frac{1}{AN} + \frac{1}{BN}\right)$$

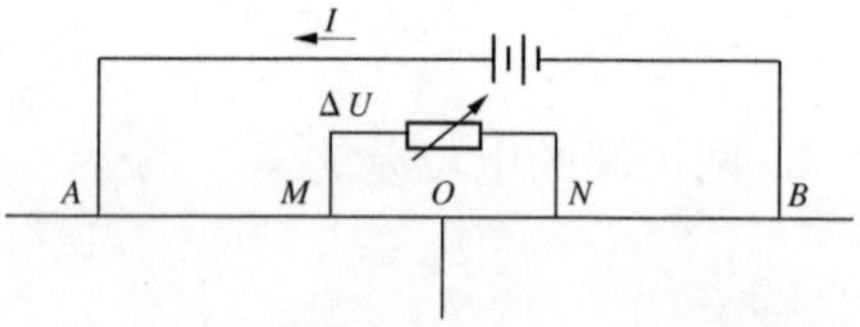

A、B——一对电流极；M、N——一对电位极；
AB—电流极极距；MN—电位极极距；
O—AB 和 MN 的中点，即测点

图10-12 电测法基本接线示意图

$$\rho_S = \frac{\Delta U_{MN}}{I} K$$

$$K = \frac{2\pi}{\dfrac{1}{AM} - \dfrac{1}{BM} - \dfrac{1}{AN} + \dfrac{1}{BN}}$$

式中　ρ_S——视在土壤电阻率，Ω；

K——电极距离系数或装置系数，由电流极和电位极的相互位置确定。

视在土壤电阻率与下列因素有关：

(1) 大地各地层的形状、大小、厚薄等状况。

(2) 大地各地层的性质，即电阻率的大小。

(3) 电流极与电位极的相对位置，以及它们与不均匀地层的相对位置。

根据电测理论分析，应用电测法时应注意以下几点：

(1) 电流极极距 AB 一般应尽量满足下式

$$\frac{1}{2}AB \geqslant (0.8 \sim 1.2)\sqrt{S}$$

式中　S——接地网的面积。

如果 AB 太大，由于受到地形或其他因素的限制，实际操作可能发生困难，有时甚至可能丢失测量线。当上层电阻率小于下层电阻率时，有必要加大 AB；反之，可适当缩小 AB。当 S 过大时，AB 要满足上述条件，实际上可能遇到地形或其他情况的限制，可适当缩小 AB；反之，当 S 较小时，可适当放大 AB。

(2) 电位极极距 MN 要以便于测量、保证足够的测量精度为条件，一般可取 (1/30 ~ 1/3) AB。

(3) 电测点的分布应大致均匀，地形和地质情况复杂的场合测点要密一些；反之，可稀一些。电测点间的距离一般可取 20 ~ 50 m。

第四节　接触电压、电位分布和跨步电压的测量

一、接触电压和跨步电压的基本知识

一般将与接地设备之间的水平距离为 0.8 m 处，以及沿该设备外壳（或构架）垂直于地面的距离为 1.8 m 的两点间的电压，称为接触电压。人体接触这两点时就要承受接触电压。测量接触电压，即测量这两点之间的电压的试验接线如图 10-13 所示。

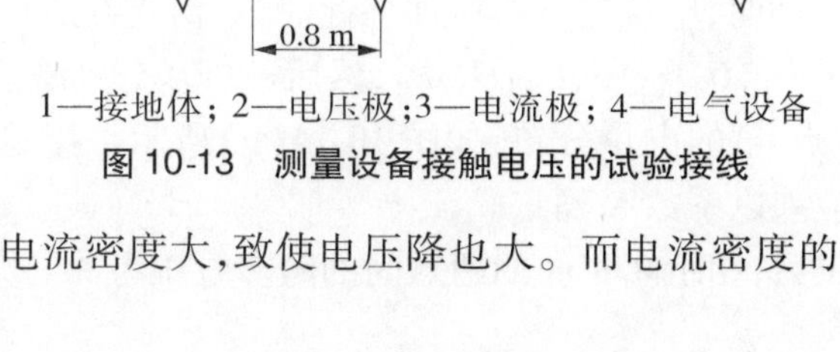

1—接地体；2—电压极；3—电流极；4—电气设备

图 10-13　测量设备接触电压的试验接线

在接地体周围的电流密度大，致使电压降也大。而电流密度的大小与距接地体的距

离的平方成反比，因此在一定范围之外，由于电流密度接近于零，该处即可作为大地的零电位点。

当电流经过接地装置时，在其周围形成的不同电位分布，可用下式表示，即

$$U_x = \frac{r_g}{x} U_g$$

式中 U_x——至接地体距离为 x 处的电压；

r_g——接地体的半径；

x——距接地体的距离；

U_g——接地体的电压。

在接地体周围地面上水平距离为 0.8 m 两点间的电压，称为跨步电压。人体两脚接触这两点时，就要承受跨步电压。

测量电压分布和跨步电压，应该选择经常有人出入的地区进行。距接地体最近处，其测量间约为 0.8 m，测量点数可选 5 ~ 7 点，以后的间距可增大到 5 ~ 10 m，一般测到 25 ~ 50 m 处即可。

测量用的接地极，可用直径 8 ~ 10 mm、长约 300 mm 的圆钢，埋入地中 50 ~ 80 mm。若在混凝土或砖块地面测量，可用 26 cm × 26 cm 的铜板或钢板作接地体。为使铜板或钢板与地接触良好，铜板或钢板上可压重物，板下的地面可用水浇湿。

二、用电流、电压表法测量

（一）测量接触电压

测量设备接触电压的试验接线如图 10-13 所示。

加上电压后读取电流表和电压表的指示值，它表示当接地体流过电流为 I 时的接触电压。然后按下式推算出当流过大电流 I_{max} 时的实际接触电压，则

$$U_j = \frac{I_{max}}{I} U = KU$$

式中 U_j——接地体流过电流 I_{max} 时的设备接触电压，V；

U——接地体流过电流 I 时实测的接触电压，V；

K——系数，其值为 I_{max}/I；

I_{max}——发生接地时通过接地体的最大电流；

I——测量时的实际电流。

（二）测量电位分布和跨步电压

测量电位分布和跨步电压的接线，如图 10-14 所示。

按图 10-14（a）加电压使流入接地体的电流 I 时，将电压极 2′插入地的零电位 0 处，即在该点对接地体 1′外延伸时，电位差不再增加。此时，如沿直线方向朝接地体 1′移动，并取等距离逐点测得电压 $U_n, U_{n-1}, \cdots, U_3, U_2, U_1$，然后，以 U_g 分别减去各点测得的电压值，即得出各点（对零电位点 0）的电位分布，如图 10-14（b）所示。接地体流过最大电流 I_{max} 时，各点的实际电位，应乘以系数 K 确定。

当得出各点的电位后，相距 0.8 m 的两点间的跨步电压为

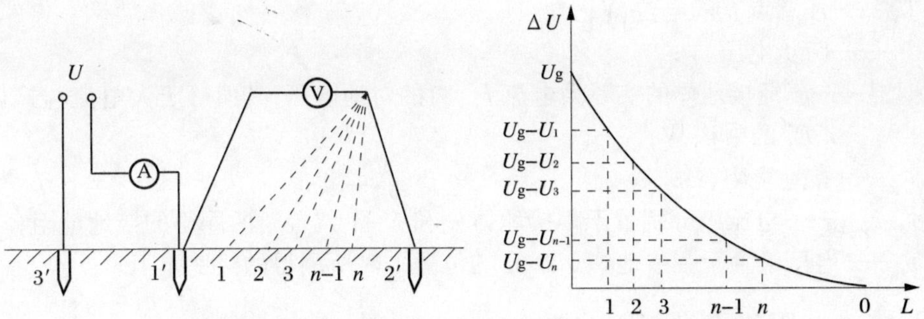

（a）试验接线　　（b）电位分布

1—接地体;2—电压极;3—电流极

图 10-14　测量电位分布和跨步电压接线

$$U_{\mathrm{k}} = K(U_n - U_{n-1})$$

式中　U_{k}——任意相距 0.8 m 两点间的实际跨步电压,V;

$U_n - U_{n-1}$——任意相距 0.8 m 两点间测量的电位差,V;

K——系数,其值等于接地体流过的大电流 $I_{\max}$ 与测量时通入的电流之比。

三、用接地电阻测量仪测量

用接地电阻测量仪测量电位分布和跨步电压的接线,如图 10-15 所示。

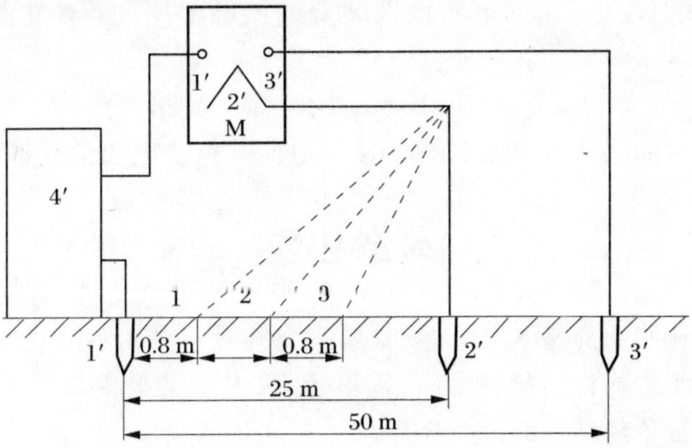

图 10-15　用接地电阻测量仪测量电位分布和跨步电压的接线

按测量接地电阻的方法,测得接地体的电阻 R_{g},然后将电压极 2′移至 1,2,…,n 各点,依次得 r_1,r_2…,r_n,由此得

$$U_{\mathrm{j}} = r_1 \frac{U_{\max}}{R_{\mathrm{g}}}$$

$$U_n = U_{\max}\left(1 - \frac{r_n}{R_{\mathrm{g}}}\right)$$

$$U_{\mathrm{k}} = (r_n - r_{n-1})\frac{U_{\max}}{R_{\mathrm{g}}}$$

式中　U_{j}——接触电压,V;

U_n——任意点 n 的电位,V;

U_k——跨步电压,V;

U_{max}——流经接地体的实际大电流 I_{max} 时的对地电压,其值等于大电流与接体电阻 R_g 的乘积,V;

R_g——接地电阻,Ω;

r_n、r_{n-1}——电压极分别置于距接地体 n 和 $n-1$ 位置时所测得的接地电阻;

r_1——电压极置于距接地体 0.8 m 的位置 1 时所测得的接地电阻。

四、接触电压和跨步电压的要求

《接地规程》规定,在大接地电流系统发生单相接地或同点两相接地时,发电厂、变电所电气设备接地装置的接触电压和跨步电压不应超过下列数值,即

$$U_j = \frac{250 + 0.25\rho}{\sqrt{t}},\ U_k = \frac{250 + \rho}{\sqrt{t}}$$

式中 U_j——接触电压,V;

U_k——跨步电压,V;

ρ——人脚站立处地面的土壤电阻率,Ω·m;

t——接地短路(故障)电流的持续时间,s。

在 3 ~ 66 kV 不接地、经消弧线圈接地和高电阻接地系统发生单相接地故障后,当未迅速切除故障时,此时发电厂、变电所接地装置的接触电压和跨步电压不应超过下列数值,即

$$U_j = 50 + 0.5\rho,\ U_k = 50 + 0.2\rho$$

在条件特别恶劣的场所,例如水田中,接触电压和跨步电压的允许值宜适当降低。

本章小结

本章介绍了接地装置的基本概念、接地装置接地电阻常用的测量方法和原理,重点介绍了各种接地电阻测量接线的优、缺点及适用场合,对土壤电阻率的测量、接触电压与跨步电压的测量也进行了较详细的分析介绍。

通过学习应了解接地装置接地电阻测量、土壤电阻率的测量、接触电压与跨步电压的测量原理,重点掌握接地装置接地电阻测量、土壤电阻率的测量、接触电压与跨步电压的测量试验的操作方法,提高对试验中可能出现的异常现象及试验结果的分析判断能力。

习 题

10-1 何谓接地装置?接地按作用分为几类?

10-2 简述 1 kV 以上电力设备接地电阻允许值。

10-3 简述工频接地电阻测量时的注意事项。

10-4 简述土壤电阻率测量的三极法和四极法。

10-5 电极直线布置、电极三角形布置测量接地电阻时,电压线和电流线的长度如何选择?

10-6 测量接地电阻应用交流还是直流? 为什么?

10-7 采用电流、电压表法测量接地装置的接地电阻时,为什么要加隔离变压器?

10-8 简述四电极法测量大型接地网接地电阻的原理。

10-9 如何测量变电所四周地面的电位分布及设备接触电压?

10-10 接地网的安全判据是什么?

第十一章　电力电缆故障的探测

第一节　电缆故障探测基础

一、概述

电力电缆供电以其安全、可靠、有利于美化城市等优点，应用越来越广泛。

电力电缆多埋于地下，一旦发生故障，寻找起来很困难，这会造成长时间停电的损失。如何准确、迅速地查寻电缆故障便成为供电部门日益关注的问题。

由于电缆故障情况及埋设环境比较复杂，测试人员应熟悉电缆的埋设走向与环境，准确地判断出电缆故障性质，选择合适的仪器与测量方法，按照一定的程序，才能顺利地测得电缆故障点。

电缆故障探测有其固有的特点，单靠先进的测试仪器是不够的，还应重视测试人员的培训、交流，在实践中不断地积累经验，提高电缆故障探测的水平。

二、电缆故障产生的原因

了解电缆故障的原因，有利于尽快地找到故障点。电缆故障产生的原因主要有以下几点：

(1)机械损伤(外力破坏)。机械损伤引起的电缆故障在电缆事故中占很大的比例。

(2)设计和制作工艺不良。特别是中间接头和终端头的制作。

(3)绝缘受潮。绝缘受潮会引起电缆故障。

(4)绝缘老化、变质。电缆绝缘介质内部若有气隙，在电场作用下会产生游离使绝缘下降，同时引起过热导致绝缘层老化。电缆过负荷是导致电缆过热的主要因素。

(5)过电压。大气过电压和内部过电压可能导致电缆绝缘层击穿，形成故障。

(6)材料缺陷。主要表现在电缆制造留下的缺陷、电缆附件制造上的缺陷和绝缘材料的维护管理不善(电缆绝缘受潮、脏污和老化)。

三、故障分类

(1)按电阻性质分类，有开路故障，短路(低阻)故障，高阻故障(泄漏性故障)，闪络性高阻故障(没有形成固定的电阻通道)。

(2)按表面现象分类，有开放性故障和封闭性故障。

开放性故障：外绝缘已损坏(有明显的放电声)。

封闭性故障：外绝缘未损坏(无明显的放电声，可在粗测距离的电缆表面附近撒播一些干的沙土，沙土振落最明显处即为故障点)。

(3)按接地现象分类,有接地故障、相间故障、混合故障。

(4)按故障位置分类,有接头故障、电缆本体故障。

电缆故障分类如图 11-1 所示。

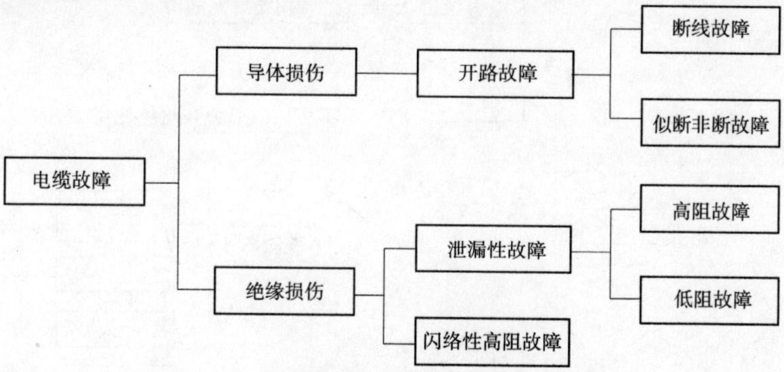

图 11-1　电缆故障分类(按行波测量原理)

四、故障探测的基本步骤

(1)故障诊断。了解故障性质、故障原因、敷设环境、运行情况等。

(2)故障测距。在电缆一端用仪器测定故障点的距离。

(3)故障定点。按照测距结果,在一定范围内精确测定故障点具体位置。

五、电缆故障测试方法(粗测法)

(1)电桥法,包括传统直流电桥、压降比较法、直流电阻法。

该方法主要缺点是受接触电阻的影响较大。

(2)脉冲法(行波法),包括低压脉冲法、脉冲电压法、脉冲电流法、二次脉冲法。

电缆故障测试方法比较如图 11-2 所示。

六、电缆故障定点方法(精测法)

电缆故障定点方法包括音频信号感应法、声测法、声磁同步接收法、跨步电压法。

电缆故障定点方法比较如图 11-3 所示。

七、电缆故障探测过程

电缆故障探测过程包括以下三个步骤。

(一)故障测试前的准备工作

(1)测试设备准备。

要把测试用的各种仪器仪表带全,检查是否拥有足够的电力,把电工工具带全,提前把变电站或接线箱上的钥匙带好,同时带上电源线和可能用到的接地线等。

(2)人员准备。

抢修人员要齐整,分工明确,服从指挥。

(3)安全保证。

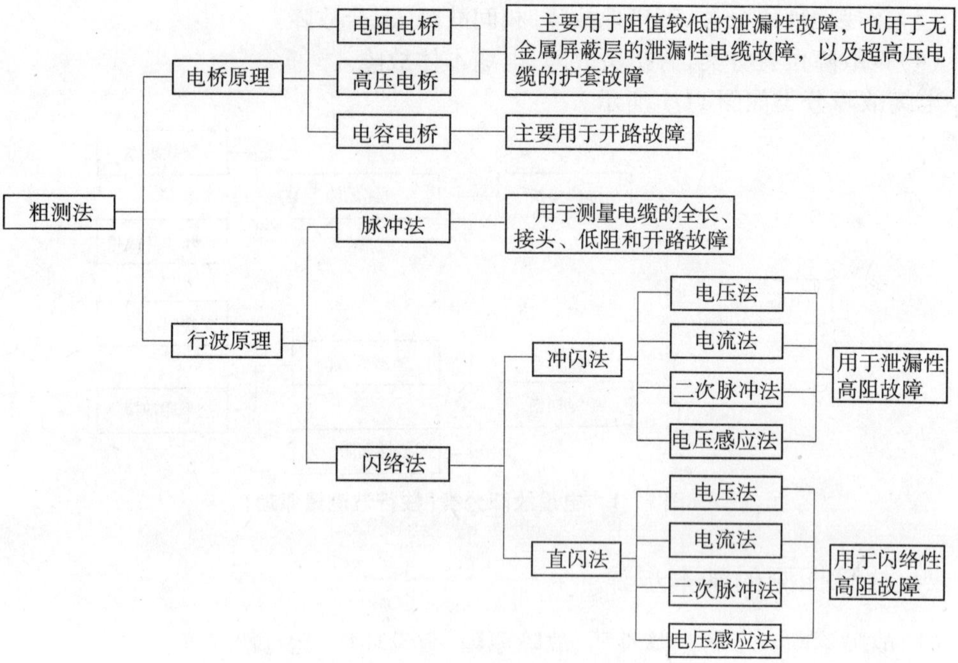

图 11-2　电缆故障测试方法比较

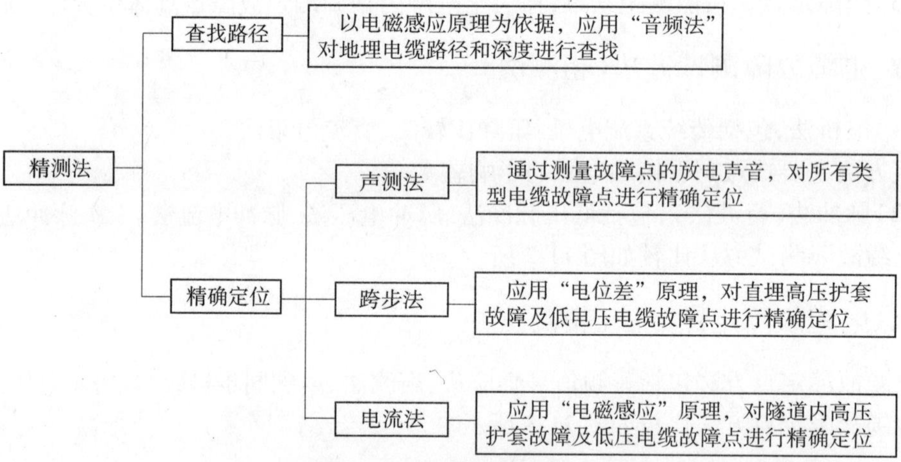

图 11-3　电缆故障定点方法比较

到现场后把电缆两端孤立起来使电缆各相之间以及与其他地方间留有足够的距离。测试时两端要留人看守以确保安全。

(4)了解电缆情况。

对电缆的全长、绝缘性质、接头、耐压等级、路径与何处施工过等情况都需要详细了解。

(二)故障性质诊断与测试方法选择

(1)故障绝缘情况测试。

先用 500 V 兆欧摇表，测量故障电缆各相线芯对地、对金属屏蔽层间和对各线芯间的绝缘电阻，如果阻值过小，兆欧表显示基本为零，无法读清数值，要改用万用表进一步测量它的具体阻值，并做好记录。

(2)电缆连续性测试。

在测量电缆的对侧时，将故障线芯或护层(钢铠)同完好线芯短路，用万用表的电阻挡测量线芯或护层(钢铠)的连续性，查看是否出现断线现象；或直接用测距仪中的低压脉冲法测试，查看是否有断线波形出现，如果有，最好还要用万用表确认一下。

(3)故障性质分类与测试方法选择。

了解电缆故障性质，有利于"对症下药"，选择合适的方法探测故障点。

对电缆的绝缘情况和电缆的连续性测试的过程，就是故障性质的诊断过程。诊断后，按电缆的连续性和故障电阻的大小对故障进行分类。

故障性质分类与测试方法选择如表 11-1 所示。

表 11-1　故障性质分类与测试方法选择

故障性质		发生概率	测距方法选择	定点方法选择
开路故障		几乎不发生	低压脉冲法/按闪络故障测试	按闪络故障测试
短路(低阻)故障		低压电缆发生较多	低压脉冲法/脉冲电流法	声磁同步法/金属性短路故障用音频信号法定位
高阻故障	50 kΩ 以下	80% 以上	二次脉冲法/脉冲电流法/电桥法	声磁同步法
	50 kΩ 以上		二次脉冲法/脉冲电流法	声磁同步法
闪络故障		发生概率很小	二次脉冲法/脉冲电流法	声磁同步法

(三)故障测距(预定位)

诊断完故障性质、选定测试方法后，接着进行电缆故障查找的第三步：电缆故障的预定位——故障测距。故障测距是粗测从电缆的测试端到故障点的线路长度。这里主要介绍以下几种测距方法：低压脉冲法、脉冲电流法、二次脉冲法。

故障测距时，过分强调测量精度是无太大意义的，主要是电缆有预留及走向误差的原因。

第二节　低压脉冲反射法

一、低压脉冲反射法的适用范围

低压脉冲反射法的适用于低阻故障(故障电阻小于几百欧的短路故障)、断路故障。据统计，这类故障约占电缆故障的 10%。

低压脉冲反射法还可用于测量电缆的长度、电磁波在电缆中的传播速度，还可用于区分电缆的中间头、T 型接头与终端头等。

二、低压脉冲反射法的工作原理

测试时向电缆注入一低压脉冲，该脉冲沿电缆传播到阻抗不匹配点，如短路点、故障点、中间接头等,脉冲产生反射,返回到测试点被仪器记录下来,如图 11-4 所示。

根据发射脉冲与故障点反射脉冲之间的时间差,可用下式计算故障点距离,即

$$X=\frac{V\Delta t}{2}$$

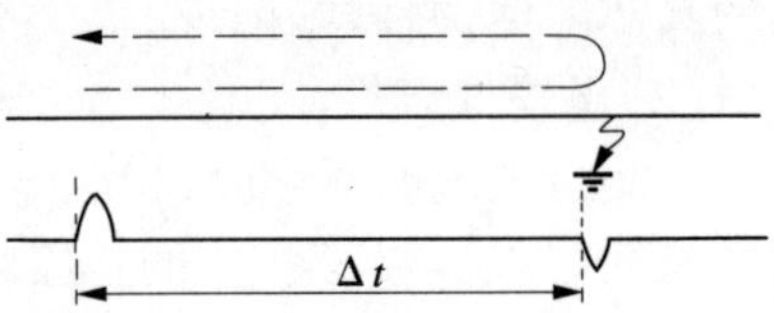

图 11-4 低压脉冲反射原理

式中 X——故障点到测试点的距离;

V——脉冲在电缆中的传播速度;

Δt——发送脉冲在测量点与故障点间往返一趟的时间。

通过识别反射脉冲的极性,可以判定故障的性质。断路故障反射脉冲与发射脉冲极性相同,而短路故障的反射脉冲与发射脉冲极性相反。

三、波速度

波速度是电磁波在电缆中传播的速度,是线路长度与传播时间之比。可用下式表示,即

$$V=\frac{1}{\sqrt{L_0C_0}}=\frac{S}{\sqrt{\mu\varepsilon}}$$

式中 V——波速度;

S——光在真空中的传播速度,约为 300 m/μs;

μ——线路周围介质的相对导磁系数;

ε——线路周围介质的相对介电系数。

理论分析与实践表明,波速度与电缆的绝缘介质有关,与电缆芯线的线径及芯线的材料无关。也就是说,不管线径是多少,线芯是铜芯的还是铝芯的,只要电缆的绝缘介质一样,波速度就一样。

现在大部分电缆都是交联聚乙烯或油浸纸电缆。油浸纸绝缘电缆波速度约为 160 m/μs,交联聚乙烯绝缘电缆波速度约为 170 m/μs。

即使电缆的绝缘介质相同,不同厂家的、不同批次的电缆波速度也不完全相同。如果知道电缆全长,根据下式就可以推算出电缆的波速度:

$$V=2\frac{L}{\Delta t}$$

式中 L——电缆长度;

Δt——传播时间。

四、反射波的极性

(一) 断路故障

脉冲在断路点产生全反射,反射脉冲与发射脉冲同极性,如图 11-5 所示。

（二）短路故障

脉冲在短路点产生全反射，反射脉冲与发射脉冲极性相反，如图 11-6 所示。

图 11-5　断路故障脉冲反射波形

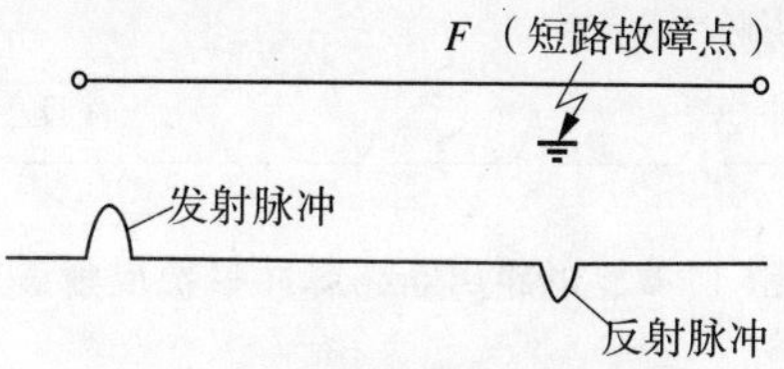

图 11-6　短路故障脉冲反射波形

（三）典型脉冲反射波形

典型脉冲反射波形分析如图 11-7 所示。图中 J 代表电缆的中间接头、F 表示电缆发生低阻故障点、B 为电缆开路终端。测试波形分析如下：

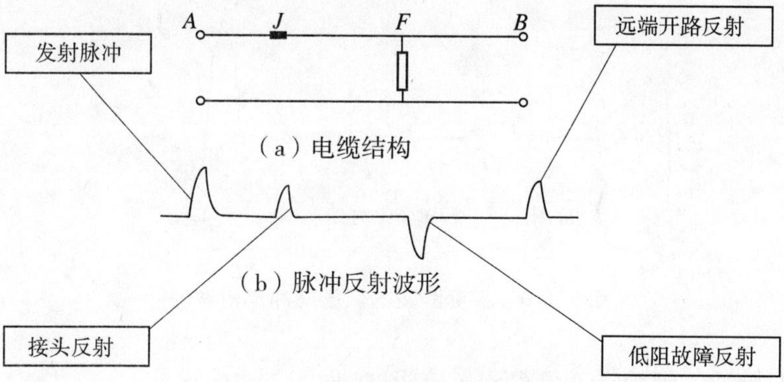

图 11-7　典型脉冲反射波形

向电缆首端注入一低压脉冲测得的脉冲反射波形如图 11-7（b）所示。由于电缆中间接头的阻抗与电缆阻抗不匹配，产生接头反射波。一般中间接头反射较弱，所以幅值较小些。测得故障点 F 的反射脉冲极性与发射脉冲相反，说明是低阻故障。一般来说，低阻故障电阻值越小，反射越强烈。当发射脉冲到达电缆开路终端时，将会产生同极性的反射脉冲（此脉冲较强烈）。

（四）近距离断路多次反射波形

近距离断路多次反射波形如图 11-8 所示。

测试波形分析：波形上第一个故障点反射脉冲之后，还有若干个相等距离（故障距离）的反射脉冲，这是由于脉冲在测量端与故障点之间多次来回反射的结果。由于脉冲在电缆中的传输存在损耗，脉冲幅值会逐渐减小，并且波头上升变得越来越慢。

（五）近距离短路多次反射波形

近距离短路多次反射波形如图 11-9 所示。

测试波形分析：波形上第一个故障点反射脉冲之后的脉冲极性出现一正一负的交替变化，这是因为脉冲在故障点（低阻短路）的反射系数为 -1，而在测量端（开路）反射系数为正。

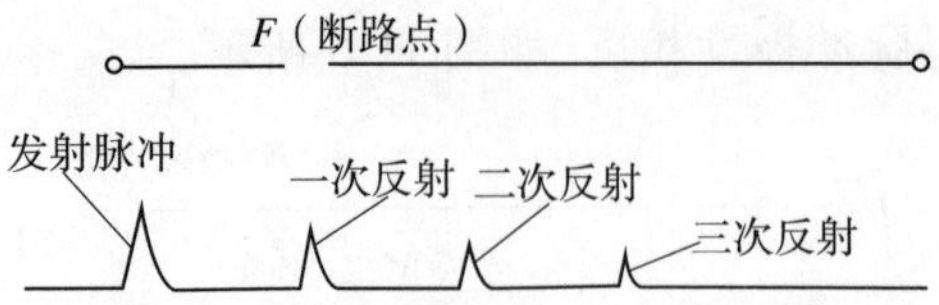

图 11-8　近距离断路脉冲多次反射波形

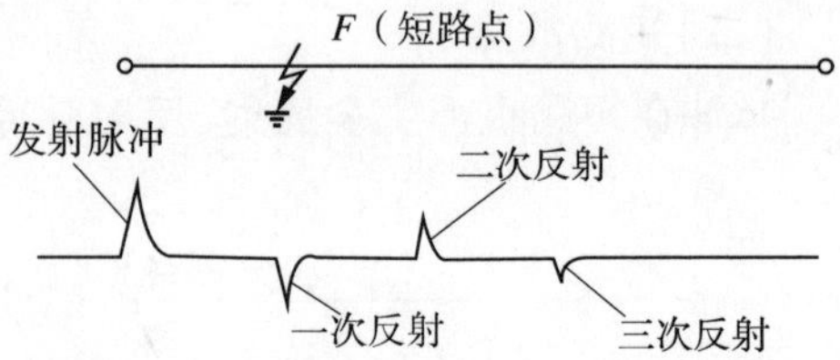

图 11-9　近距离短路脉冲多次反射波形

五、实际测量的低压脉冲反射波形分析

实际测量的低压脉冲反射波形如图 11-10 所示。

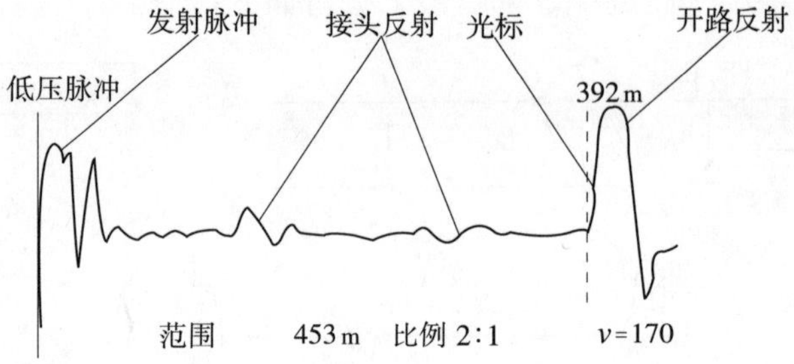

图 11-10　实际测量的低压脉冲反射波形

标定反射脉冲的起始点就可得到故障距离，如图 11-10 所示。

测试仪器的屏幕有两个光标：一是实光标，一般把它放在最左边测试端，设定为零点；二是虚光标，把它放在阻抗不匹配点，反射脉冲的起始点处，在波速度正确的情况下，就可测量出该阻抗不匹配点到测试端的距离。

注意：

（1）当测试点的距离与中间接头的位置相当时，应先检查中间接头（因它是薄弱点），加压后听放电声即可判断。

（2）实测波形有许多锯齿状纹出现是由测试导线与电缆的绝缘介质不同产生的波形叠加引起的。

六、低压脉冲反射波形比较法

在实际测量时，电缆结构可能比较复杂，存在着接头点、分支点或低阻故障点等；特别是低阻故障点的电阻相对较大时，反射波形相对比较平滑，其大小可能还不如接头反射，使得脉冲反射波形不太容易理解，波形起始点不好标定；对于这种情况，可以用低压脉冲比较测量法测试。

低压脉冲反射波形如图 11-11 所示。图中为一带中间接头的电缆发射单相接地故障。首先在良好的芯线上测得一波形，如图 11-11（b）所示，然后在故障芯线上测得波形如图 11-11（c）所示，将两者叠加比较，F 点为两波形明显差异处，这是由故障点反射脉冲造成的,如图 11-11(d)所示,F 点所测得的距离即是故障点位置。

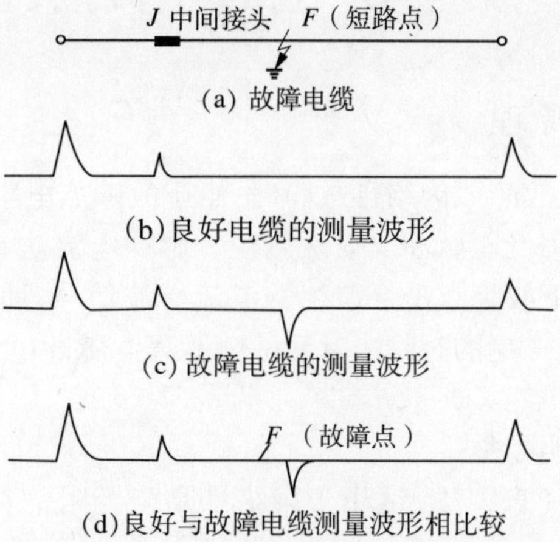

图 11-11　低压脉冲反射波形比较法测量单相对地故障

七、低压脉冲反射波形比较法实测波形

低压脉冲反射波形比较法实测低阻故障波形如图 11-12 所示。

波形分析:将实线光标放在最左边测试端(零点),移动虚线光标至两波形明显差异处(故障点),测试仪器显示故障点距离电缆测试点的距离为 226 m。

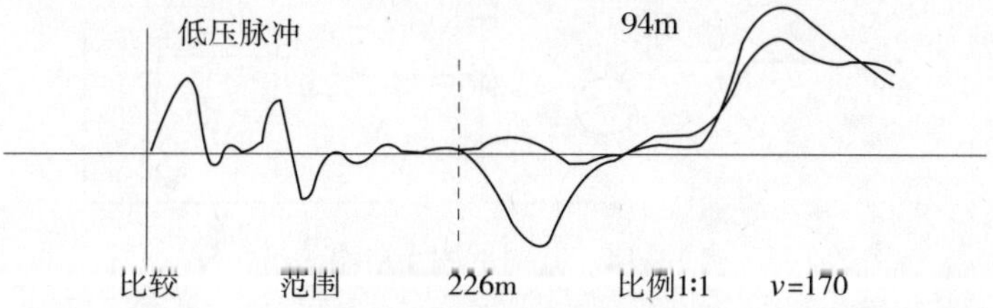

图 11-12　低压脉冲反射波形比较法实测低阻故障波形

八、低压脉冲反射波形比较法测波速度

利用波形比较法,还可精确地测定电缆长度或校正波速度。由于脉冲在传播过程中存在损耗,电缆终端的反射脉冲传回到测量点后,波形上升沿比较圆滑,不好精确地标定出反射脉冲到达时间。特别是当电缆距离较远时,这一现象更突出。而把端点开路与短路脉冲反射波形同时显示时,两者的分叉点比较明显,容易识别,如图 11-13 所示。

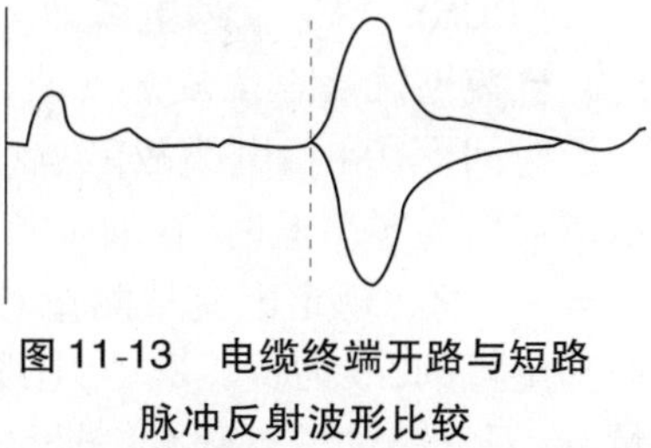

图 11-13　电缆终端开路与短路脉冲反射波形比较

第三节　脉冲电流法

一、脉冲电流法的原理

当电缆的故障为高阻故障或闪络性故障时，由于故障点电阻较大，低压脉冲在故障点没有明显的反射，故不能用低压脉冲反射法测距。脉冲电流法是将电缆故障点用高电压击穿，用仪器采集并记录下故障点击穿产生的电流行波信号，通过分析，判断电流行波信号在测量端与故障点往返一趟的时间来计算故障距离。脉冲电流法采用线性电流耦合器采集电缆中的电流行波信号。

（一）直流高压闪络测试法

直流高压闪络测试法（直闪法）适用于闪络性高阻及阻值在百兆欧以上的泄漏性高阻故障的测试。

直闪法可分为：直闪电流法、直闪电压法、直闪电压感应法、二次脉冲法。

（二）直闪电流法（ZAF）

1. 直闪电流法原理接线

直闪电流法原理接线如图 11-14 所示，PT 为高压试验变压器，容量为 0.5～1.0 kVA，输出电压为 30～60 kV。C 为脉冲储能电容器。LP 为线性电流耦合器。DGS－AV 为闪测仪。

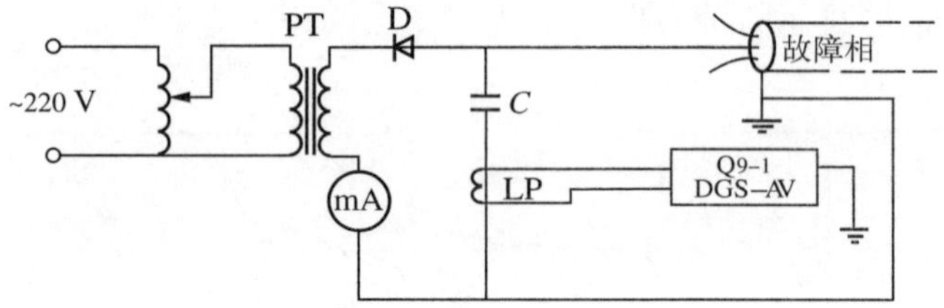

图 11-14　直闪电流法原理接线

2. 直闪电流法所需设备（有三种组合选择）

（1）DGS－AV 系列闪测仪、电流取样器、GZF 系列工频高压试验装置（高压试验变压器和控制保护器）、CC 系列脉冲储能电容、CXZ 成套测试线等。

（2）DGS－AV 系列闪测仪、DGSM 系列高压脉冲发生装置、CXZ 成套测试线等。

（3）DGSY－AV 系列电缆故障一体化测试装置。

3. 直闪电流法电流波形

设时间 $t=0$ 时，电缆故障点在外加电压 $-E$ 作用下击穿，形成短路电弧，从而使故障点电压突变为零。此时，在故障点处产生一个与 $-E$ 相反的正突变电压 E 以及相应的电流 $i_0=-E/Z_0$（规定电流从测量点流向电缆为正，因突变电压 E 产生的电流是从故障点流向测量点的，故为负。Z_0 为电缆波阻抗）向电缆两端传送。在 $t=\tau$ 时，电流波 i_0 到达测量端，而电容对高频行波信号呈短路状态，电流在测量端被全部反射回故障点，而在故障点由于电弧短路又被完全反射回来。在 $t=3\tau$ 的时刻到达测量点，产生第二次反射。

这样来回反射，直到整个瞬态过程结束。

测量点的电流是所有电流波形的和，电流初始值为 $2i_0$，即电流入射波 i_0 到达测量点后产生了电流加倍现象，而线性电流耦合器的输出则只反映电流的突变成分，如图 11-15 所示。

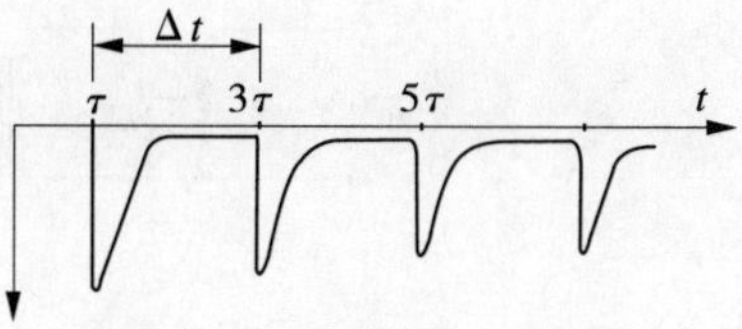

图 11-15　直闪法电流波形

（线性电流耦合器的输出电流波形）

分析：图中 $t_1=\tau$ 与 $t_2=3\tau$ 时刻分别出现两个负脉冲：第一个负脉冲是故障点放电脉冲到达测量点引起的，称为故障点放电脉冲；第二个负脉冲是故障点反射脉冲引起的，称为故障点反射脉冲。它们之间的距离对应电流脉冲从测量端运动到故障点又返回的时间差 $\Delta t=t_2-t_1=2\tau$，计算出故障距离为

$$L_x=\frac{V\times\Delta t}{2}$$

式中　V——行波在电缆中的传播速度。

（三）直闪电压法（ZVF）

1. 直闪电压法原理接线

直闪电压法原理接线如图 11-16 所示。

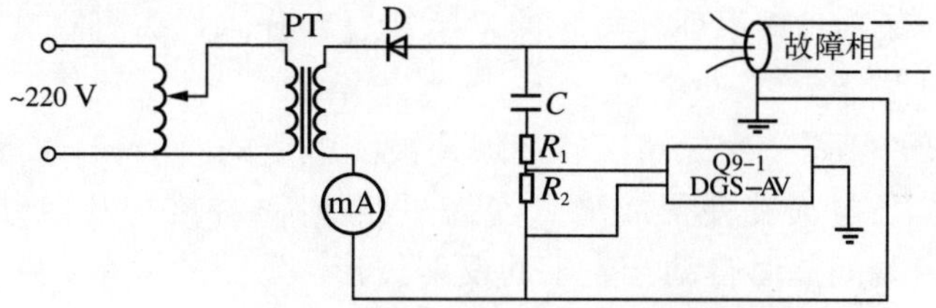

R_1—水电阻；R_2—取样电阻；C—脉冲储能电容；

PT—GZF 系列工频高压试验装置

图 11-16　直闪电压法原理接线

2. 直闪电压法所需设备（有三种选择）

（1）DGS－AV 系列闪测仪、FQ－AV 系列高压组件箱（放电球隙＋电阻分压取样器）、GZF 系列工频高压试验装置（高压试验变压器和控制保护器）、CC 系列脉冲储能电容、CXZ 成套测试线等。

（2）DGS－AV 系列闪测仪、DGSM 系列高压脉冲发生装置、CXZ 成套测试线等。

（3）DGSY－AV 系列电缆故障一体化测试装置。

（四）直闪电压感应法（ZVGF）

直闪电压感应法原理接线如图 11-17 所示。

（五）故障点击穿与否的判断

故障点击穿，除测量仪器被触发显示出波形外，还可通过以下现象判断：

（1）电压突然下降（电压表指针向零刻度点摆动）。

（2）直流泄漏电流突然增大。

（3）过电流继电器动作。

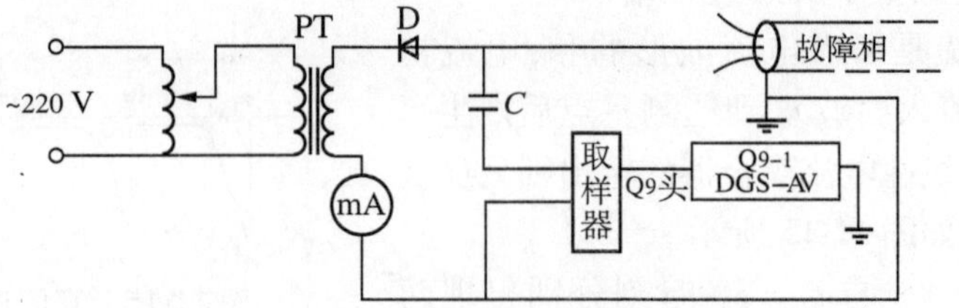

FQ－AV 系列高压组件箱(放电球隙＋电阻分压取样器)；DGS－AV 系列闪测仪；
PT—GZF 系列工频高压试验装置；C—脉冲储能电容

图 11-17　直闪电压感应法原理接线

(4)与试验设备相接的地线处出现“回火”，听到“啪、啪”的响声。

二、冲击闪络测试法

高阻故障如果使用直闪法测试，电压会大量泄到发生器的内阻上，容易损害高压发生器；同时加到电缆上的电压很小，不利于故障点的击穿。对于高阻故障，需要使用冲闪法，在给脉冲电容充电后再加到故障上去，脉冲高电压使故障点击穿放电。

冲击闪络测试法也称高压脉冲法。通常高压脉冲由电缆故障闪测仪(主机)以外的“高压装置”产生。有 DGSM 系列高压脉冲发生装置和分体式高压测试装置两种情况，统称为“高压脉冲产生器”。

由“高压脉冲产生器”产生一高压脉冲加到被测电缆的故障相，故障点在高压的作用下发生瞬间闪络放电，电火花使得故障点变为短路故障，并维持几微秒至几百毫秒的时间，在故障点和测量端间同时自动产生来回反射波形。

通过测量相邻两次来回反射波形的时间 T，并通过公式

$$S=\frac{1}{2}VT$$

计算出故障点到测量端的距离。

冲击高压闪络测量法的应用范围：可以有效地测试所有类型的电力电缆故障，主要用于测试泄漏性故障，特别是泄漏性高阻故障。

冲击高压闪络测量法分为：冲闪电压法(CVF)，冲闪电流法(CAF)，冲闪电压感应法(CVGF)。

(一)冲闪电压法(CVF)

1. 冲闪电压法所需设备(有三种选择)

(1)DGS－AV 系列闪测仪、FQ－AV 系列高压组件箱(放电球隙＋电阻分压取样器)、GZF 系列工频高压试验装置(高压试验变压器和控制保护器)、CC 系列脉冲储能电容、CXZ 成套测试线等。

(2)DGS－AV 系列闪测仪、DGSM 系列高压脉冲发生装置、CXZ 成套测试线等。

(3)DGSY－AV 系列电缆故障一体化测试装置。

2. 冲闪电压法原理接线

冲闪电压法原理接线如图 11-18 所示。

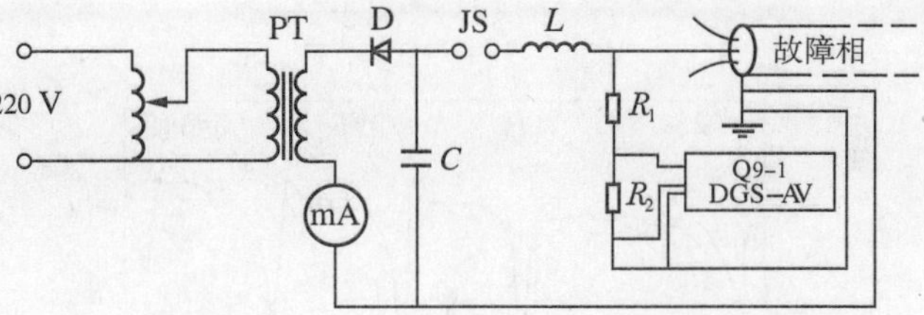

R_1—水电阻(功率大于 100 W,阻值大于 40 kΩ);R_2—普通取样电阻(1 W,510 Ω)

图 11-18　冲闪电压法原理接线

(二)冲闪电流法(CAF)

1. 冲闪电流法所需设备(有三种选择)

(1)DGS - AV 系列闪测仪、放电球隙、电流取样器、GZF 系列工频高压试验装置(高压试验变压器和控制保护器)、CC 系列脉冲储能电容、CXZ 成套测试线等。

(2)DGS - AV 系列闪测仪、DGSM 系列高压脉冲发生装置、CXZ 成套测试线等。

(3)DGSY - AV 系列电缆故障一体化测试装置。

2. 冲闪电流法原理接线

冲闪电流法原理接线如图 11-19 所示。

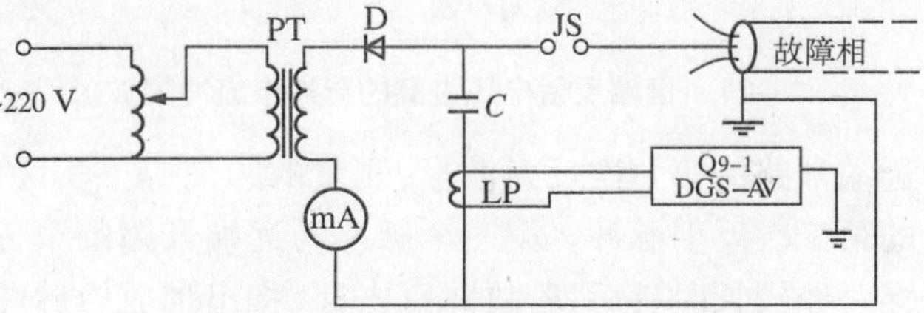

图 11-19　冲闪电流法原理接线

3. 典型的冲闪法脉冲电流波形

(1)直接击穿的脉冲电流冲闪波形如图 11-20 所示。

分析如下:

第一个反射波测量的时间(1 ~ 2 点)大于或等于实际电缆故障的长度(放电不是电压到故障点就击穿,需要放电时延),所以不采用,应采用第二个周期(3 ~ 4 点)。4 点后的尖顶波是由于电感元件作用引起的。

测试时,将零点实光标 3 移动到故障点的放电脉冲 2 的起始处,再将虚光标 4 移动到放电脉冲的第一次反射波 5 的起始处,输入波速后仪器测量显示故障点距离为 450 m。

(2)远端反射电压击穿的脉冲电流冲闪波形(时延较小)如图 11-21 所示。

分析如下:

第一个反射脉冲为远端开路反射波形,测量的距离等于实际电缆的长度。

测试时,将零点实光标移动到故障点的放电脉冲的起始处,再将虚光标移动到放电脉冲的反射波的起始处,输入波速后仪器测量显示故障点距离为 250 m。

注意:放电脉冲出现前为未放电前远端开路的反射波形(实线前)。

(3)远端反射电压击穿的脉冲电流冲闪波形(长放电时延)如图 11-22 所示。

分析如下:

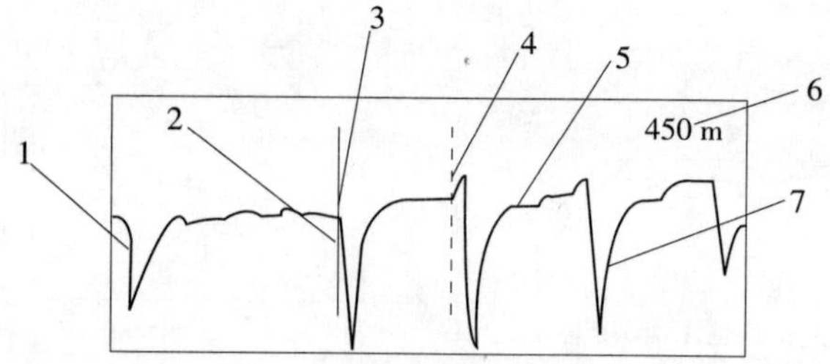

1—高压发生器的发射脉冲;2—故障点的放电脉冲;3—零点实光标;4—虚光标;
5—放电脉冲的第一次反射;6—故障距离;7—放电脉冲的第二次反射

图 11-20 直接击穿的脉冲电流冲闪波形

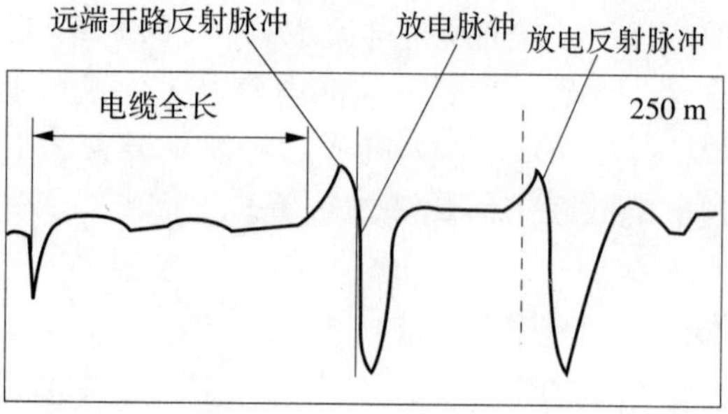

11-21 远端反射电压击穿的脉冲电流冲闪波形

第一个脉冲为远端开路的第一次反射波形,测量的距离等于实际电缆的长度。第二个脉冲为远端开路的第二次反射脉冲。第三个脉冲为远端开路的第三次反射脉冲,此时故障点还未发生击穿。经较长时延后,若故障点击穿,将出现放电脉冲及放电反射脉冲,如图 11-22 所示。

测试时,将零点实光标移动到故障点的放电脉冲的起始处,再将虚光标移动到放电脉冲的反射波的起始处,输入波速后仪器测量显示故障点的距离为 200 m。

注意:放电脉冲出现前为未放电前远端开路的三次反射波形(实线前)。

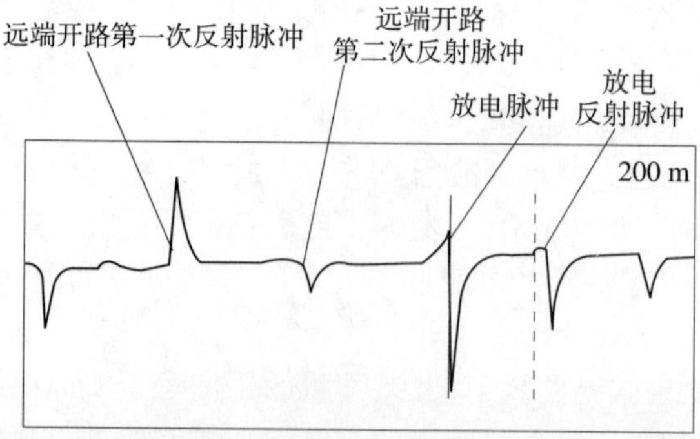

图 11-22 长放电时延的故障波形

(三)冲闪电压感应法(CVGF)

1. 冲闪电压感应法所需设备(有三种选择)

(1)DGS - AV 系列闪测仪、FQ - AV 系列高压组件箱(放电球隙 + 电阻分压取样器)、GZF 系列工频高压试验装置(高压试验变压器和控制保护器)、CC 系列脉冲储能电容、CXZ 成套测试线等。

(2) DGS－AV 系列闪测仪、DGSM 系列高压脉冲发生装置、CXZ 成套测试线等。

(3) DGSY－AV 系列电缆故障一体化测试装置。

2. 冲闪电压感应法原理接线

冲闪电压感应法原理接线如图 11-23 所示。

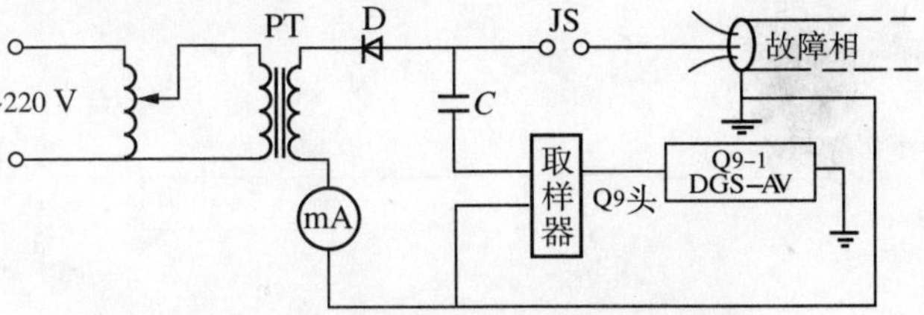

图 11-23　冲闪电压感应法原理接线

(四)使故障点充分放电的措施

(1)提高施加到电缆上的电压,可使故障点容易击穿。

(2)提高储能电容的容量,加大了高压设备供给电缆的能量,实际上也增加了电缆上电压的持续时间,有利于故障点的击穿。

(3)进行冲闪测试时,多次用高电压冲击故障电缆,利用"累积效应",故障点被进一步破坏,会使得击穿电压降低,放电时延缩短。

(五)故障点击穿与否的判断

冲闪法的关键是判断故障点是否击穿放电。一些经验不足的测试人员往往认为,只要球间隙放电了,故障点就击穿了,显然这种想法是不正确的。

电缆故障点能否击穿取决于故障点电压是否超过临界击穿电压,如果球间隙较小,作用到电缆上的冲击电压小于故障点击穿电压,显然,就不会出现击穿。

故障点击穿与否,除根据仪器记录的波形判断外,还可通过下列现象来判断:

(1)电缆故障点没击穿时,一般球间隙放电声嘶哑不清脆,而且火花较弱。当故障点击穿时,球间隙放电声清脆响亮,火花较大。

(2)电缆故障未击穿时,电流表摆动较小,而当故障点击穿时,电流表指针摆动幅度较大。

(六)二次脉冲法

1. 二次脉冲法的应用范围

二次脉冲测距方法在高压信号发生器和二次脉冲信号耦合器的配合下,可用来测量电力电缆的高阻和闪络性故障的距离,波形更简单,容易识别。

2. 工作原理(如低压脉冲比较法)

二次脉冲法测试原理及波形如图 11-24(a)、(b)所示。

利用低压脉冲法波形简单的优点,与脉冲电流法相结合,用高压脉冲击穿故障,并用稳弧器延长故障电弧持续时间,故障电弧持续时间内,向故障点发射低压脉冲,获得脉冲反射波形,称为电弧脉冲反射波形。

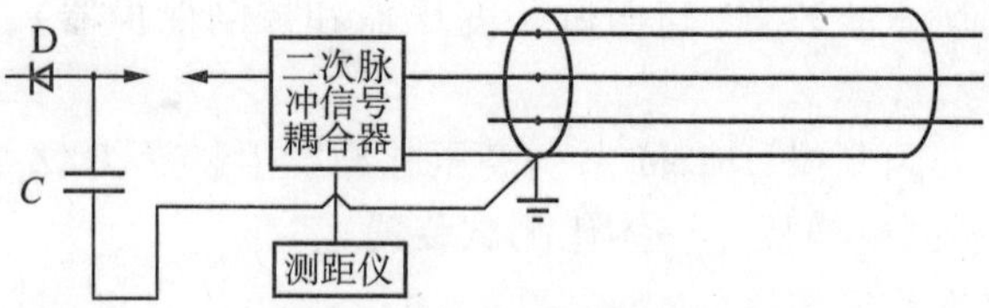

（ a ）二次脉冲法测试原理

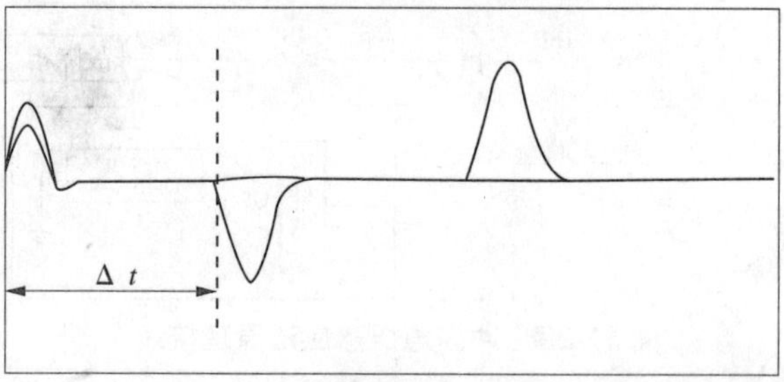

（ b ）二次脉冲法测试波形

图 11-24　二次脉冲法测试原理及波形

将电弧脉冲反射波形与电缆不带电（故障点未击穿）波形比较，波形上开始有明显差异的点，即为故障点。低压测距仪发射二次脉冲：第一次发射脉冲是高阻故障在放电时（低阻时），为延长电弧时间使用延弧器，产生低阻时的负反射波形；当电弧熄灭时，二次脉冲产生的是高阻性波形（末端电压全放射）。将两波形比较可知故障长度（此法不适用于高阻不放电的电缆故障）。

二次脉冲法便于故障波形分析，确定拐点位置。

二次脉冲法测试设备接线如图 11-25 所示。

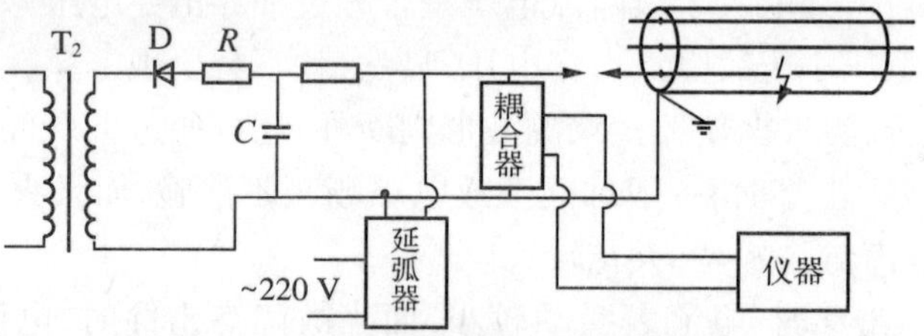

图 11-25　二次脉冲法测试设备接线

二次脉冲法测试实际故障的测试波形如图 11-26 所示。

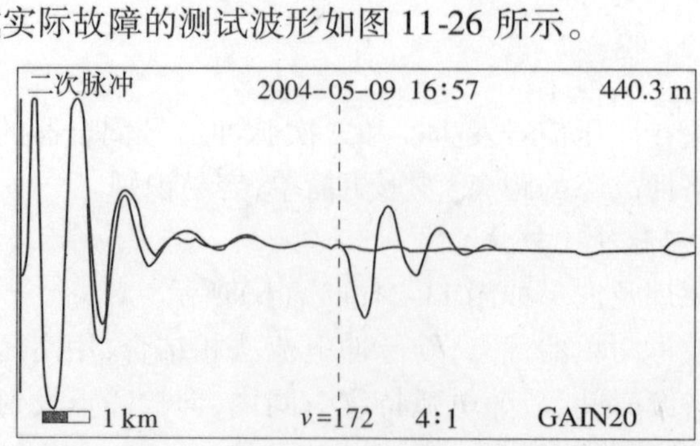

图 11-26　二次脉冲法测试实际故障的测试波形

第四节　电缆的路径探测

在对电缆故障进行故障测距之后，下一步应根据电缆的路径走向，找出故障点的大体方位——电缆故障预定位，然后再进行精确定点。但由于有些电缆是直埋的或埋设在电缆沟里的，在图纸资料不齐全的情况下，很难明确判断出电缆路径，从而给精确定点工作带来了很大的困难，于是故障测距后还需要测量出电缆的埋设路径。一般有两种测试方法：音频信号感应法、脉冲磁场方向法。

一、音频信号感应法探测电缆的路径

（一）测量原理

用信号发射器在电缆始端向被测电缆输入音频信号电流，利用接收线圈在地面上接收磁场信号，在线圈中产生出感应电动势，信号放电后，通过耳机、指针或其他方式进行监视。随着接收线圈的移动，信号的大小变化，由此可判断出电缆路径。

路径探测仪一般使用耳机监听信号幅值，根据探测时音响曲线的不同，探测方法分为音谷法和音峰法。针对相地接线方式分别介绍这两种测试方法。

1. 音谷法

音谷法探测电缆路径原理，如图 11-27 所示。图中使磁棒线圈轴线垂直于地面，慢慢移动，在线圈位于电缆正上方且垂直于电缆时，磁力线与线圈平行，没有磁力线穿过线圈，线圈内无感应电动势产生，耳机中听不到响声。然后将磁棒先后向两侧移动，就有一部分磁力线穿过线圈，产生感应电动势，耳机中开始听到音频响声。随着磁棒缓慢移动，响声逐步变大，当移动到某一距离时，响声最大，再往远处移动，响声又逐渐减弱。在电缆附近，响声与其位置关系形成一马鞍形曲线，曲线谷点所对应的测量位置即电缆所经过的路径。

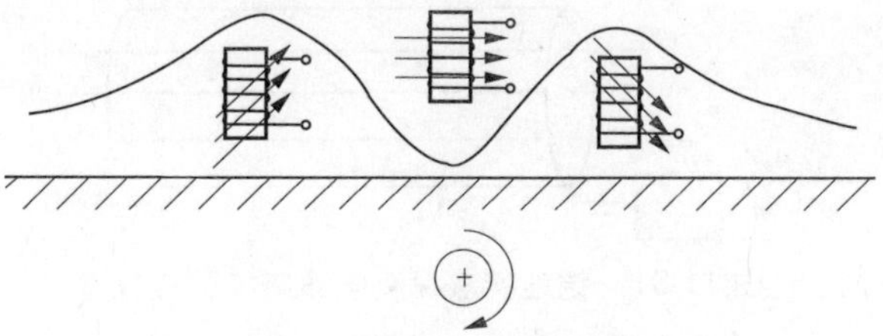

图 11-27　音谷法探测电缆路径原理

2. 音峰法

音峰法探测电缆路径原理，如图 11-28 所示。

使磁棒线圈轴线平行于地面，慢慢移动，在线圈位于电缆正上方时，耳机中听到的响声最大，此时穿过线圈的磁力线最多。然后将磁棒先后向两侧慢慢移动，穿过线圈的磁力线慢慢减少，响声逐渐减弱。在电缆附近，响声与其位置关系形成一钟形曲线，曲线的峰顶所对应的测试位置即电缆所经过的路径。

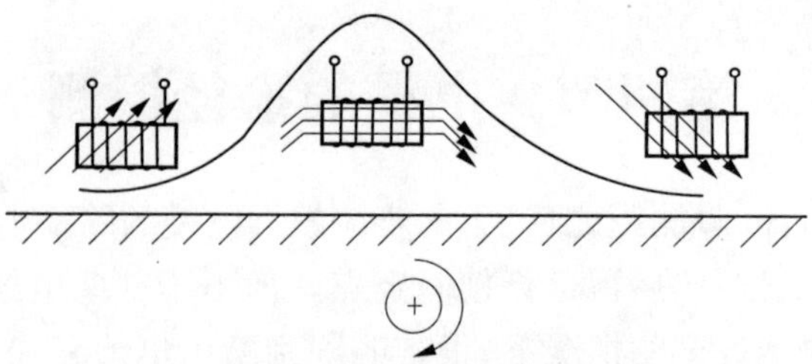

图 11-28　音峰法探测电缆路径原理

(二)电缆路径探测的接线方式

1. 相铠接法(铠两端接工作地)

相铠接法探测电缆路径的接线如图 11-29 所示。

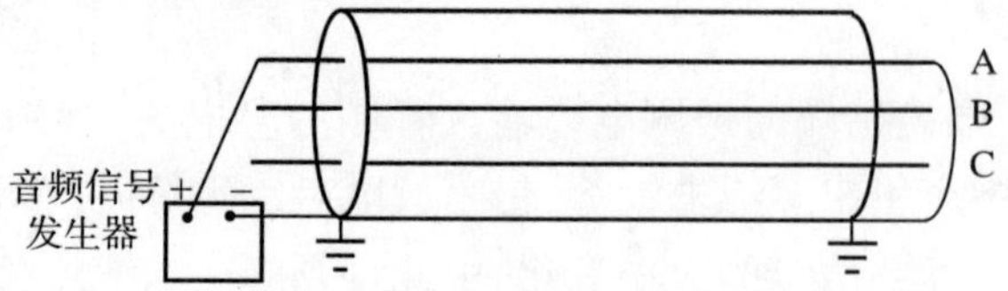

图 11-29　相铠接法探测电缆路径的接线

2. 相地接法

相地接法探测电缆路径的接线如图 11-30 所示。

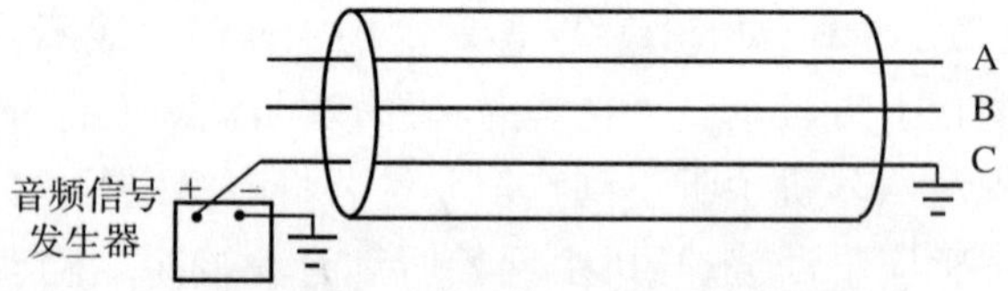

图 11-30　相地接法探测电缆路径的接线

3. 铠地接法

铠地接法探测电缆路径的接线如图 11-31 所示。

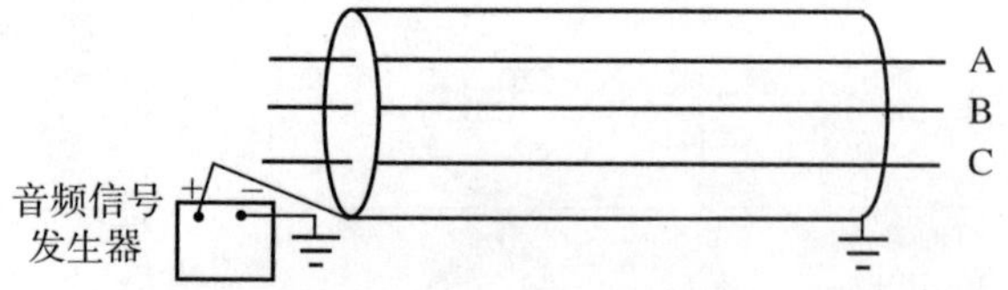

图 11-31　铠地接法探测电缆路径的接线

4. 相间接法

相间接法探测电缆路径的接线如图 11-32 所示。

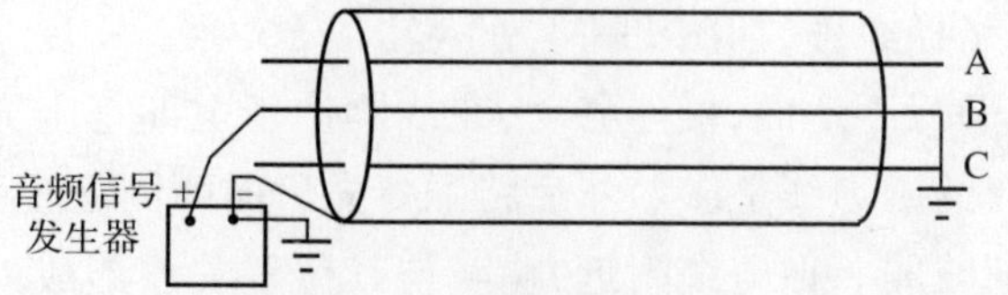

图 11-32　相间接法探测电缆路径的接线

二、脉冲磁场方向法探测电缆的路径

音频感应法是一种传统的电缆路径探测方法，而脉冲磁场法则是一种较新的电缆路径探测方法。

测量原理：利用冲闪法测试中的高压试验设备，向电缆的选定导体与地之间施加冲击高压脉冲，在电缆周围产生脉冲磁场，利用接收线圈，垂直于地平面进行测量。当接收线圈由电缆的一侧移到电缆的另一侧时，由于穿过线圈的磁力线方向发生变化，测量到的脉冲磁场与初始极性相反，由正变到负或由负变到正，如图 11-33 所示，由此可识别出所寻找的电缆。该方法是判别接收到的初始脉冲磁场的极性而不是接收信号（音响）的强弱变化来识别电缆位置，故简单、方便、判断精确度高。

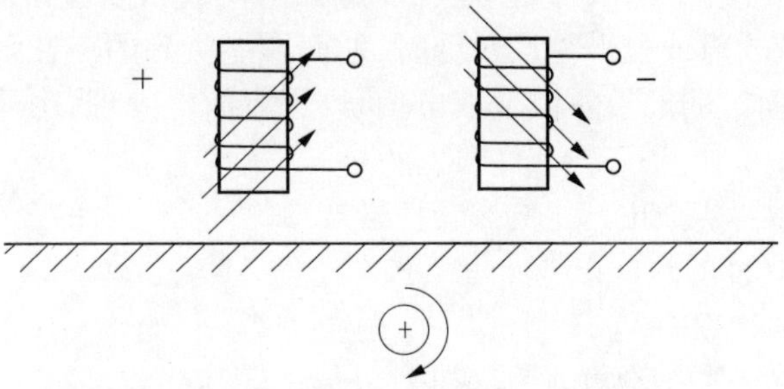

图 11-33　脉冲磁场法探测电缆路径

三、音频信号鉴别电缆

音频信号鉴别电缆的接线如图 11-34 所示。在电缆始端，将音频信号发生器接到电缆一相导体和外皮（接地）之间，在电缆另一端将该相与外皮短接，向电缆通入信号电流。

在测试现场将探测仪接收线圈围绕电缆转一周（线圈轴线与电缆外皮相切），用耳机可以监测到响声的变化。当线圈靠近通电的导体一侧时，响声最强，从而可以确定此电缆即是我们要寻找的电缆。

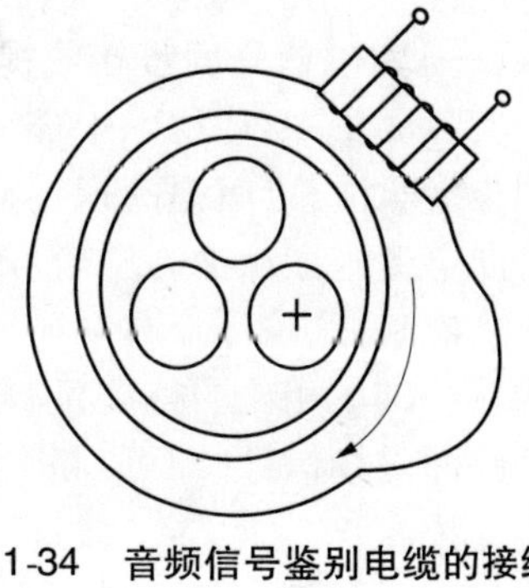

图 11-34　音频信号鉴别电缆的接线

第五节　电缆的故障定点

在测量出故障电缆的故障距离和路径后，就可以根据路径和距离找到故障点的大概位置。但由于很难精确知道电缆线路铺设时预留的长度和电缆不可能笔直敷设，根据路径和距离找到的故障点位置离实际故障点的位置可能还有一定的偏差，为了精确地找到这个位置，还需要进行下一步工作——故障定点。对于不同性质的故障，故障定点的方式不同，主要有以下几种方法。

一、声测法

直接通过听故障点放电的声音信号来找到故障点的方法称为声测定点法，简称声测法。声测法是电缆故障主要的定点方法。

(一)声测法的原理与应用范围

声测法主要用于测量高阻与闪络性故障，对于低阻故障（除金属性短路外），也可使用该方法。利用故障放电声音定点。

使用与冲闪法测试相同的高压设备，使故障点击穿放电，故障间隙放电时产生的机械振动，传到地面，便可听到“啪、啪”的声音，利用这种现象可以十分准确地对电缆故障进行定点。

对于电缆护层已被烧穿的故障，往往可在地面上用耳机直接听到故障点放电声。对于护层未烧穿的电缆故障或电缆埋设较深时，地面上能听到的声音太小，要应用高灵敏度的声电转换器，将地面微弱的地震波变成电信号，进行放电处理，用耳机还原成声音，或显示出声音的强度。

一般来说，电缆故障点放电产生的声音信号波形是一个衰减的余弦信号，频率在200～400 Hz，信号持续数毫秒的时间。

(二)声测法的优缺点

(1)优点：这种方法容易理解、便于掌握，可信性较高。

(2)缺点：受外界环境、人的经验和测试心态的影响较大。

二、声磁信号同步接收定点法

(一)声磁信号同步接收提高抗干扰能力

实际测量中，往往由于环境噪声的干扰，很难辨认出真正的故障点放电声音。采用声磁同步接收法，可以提高识别能力。

向电缆施加冲击高压信号使故障点放电时，会在电缆的外皮与大地形成的回路中感应出环流来，这一环流在电缆周围产生脉冲磁场。由于一般环境电磁干扰与电缆故障放电的脉冲磁场相比弱得多，仪器能够可靠地检测出磁场信号。如在监听到信号的同时，接收到脉冲磁场信号，即可判断该声音是由故障点放电产生的，故障点就在附近，否则可认为是干扰。

(二)脉冲磁场波形的识别

智能故障定点仪器在记录声音信号的同时，也可以记录下电缆故障点放电产生的脉冲磁场信号，通过识别脉冲磁场的特征，可以更好地排除干扰的影响。比较磁场波形的初始极性，可以在定点的同时确定电缆的埋设路径。图11-35为定点仪器接收到故障点的声磁同步波形。

(三)利用磁、声时间差估算故障点的位置

现场测试时，往往能听到故障点放电声音，但仍然不能精确地判定故障点的位置，特别是当电缆敷设在钢管或管道里边时，困难更大。通过检测磁、声信号的时间差，可以解决这一问题。由于磁场信号传播速度快，一般从故障点传播到仪器探头放置处所用的时间是微秒级，可以忽略不计；而声音传播速度慢，传播时间在毫秒级，因此可根据探头检测

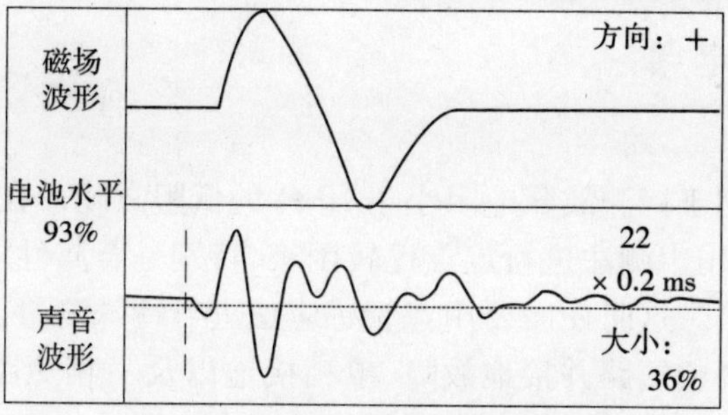

图 11-35　故障点的声磁同步波形

出的磁、声信号的时间差，判断故障的远近，测出时间差最小点，即故障点。

由于很难知道声音在电缆周围介质中的传播速度，所以不可能根据磁、声信号的时间差，准确地知道故障点与探头之间的距离。图 11-36 给出了仪器探头在故障点附近两点检测到的故障点的放电声音信号，仪器是被脉冲磁场信号触发后开始记录声音信号的。从图 11-36 上明显看出磁、声信号出现的时间差 Δt_1 与 Δt_2，由于第二点靠近故障点，所以 $\Delta t_2 < \Delta t_1$。

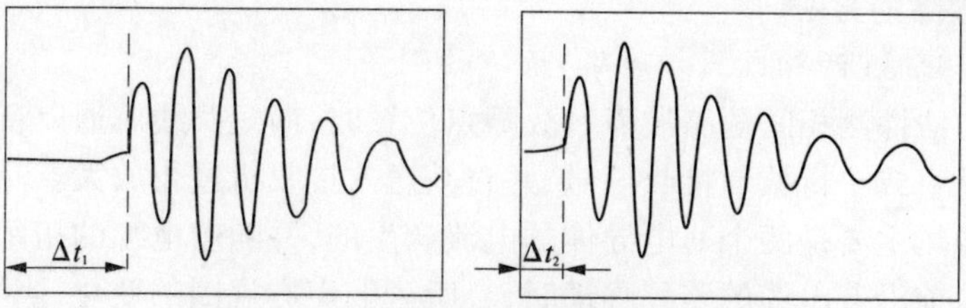

图 11-36　仪器记录下的放电声音波形

（四）声磁同步定点时磁场正负与声磁时间差的显示

声磁同步定点法实测波形如图 11-37 所示。

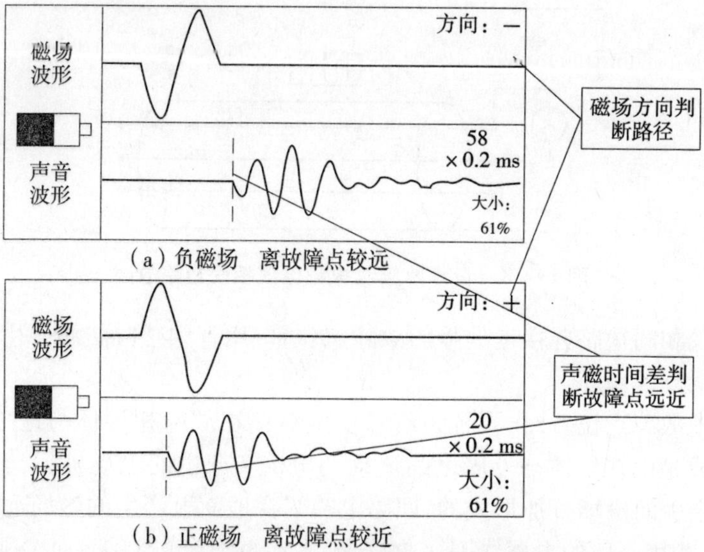

图 11-37　声磁同步定点法实测波形

三、音频感应法定点

(一)应用范围

音频感应法一般用于探测故障电阻小于10 Ω 的低阻故障。在电缆接地电阻较低时，故障点放电声音微弱，用声测法进行定点比较困难，特别是金属性接地故障的故障点根本无放电声音而无法定点。这时便需要用音频感应法进行特殊测量。

用音频感应法对两相短路并接地故障、单相接地以及三相短路或三相短路并接地故障进行测试，都能获得满意的效果，一般测得的故障点位置的绝对误差为1 ~2 m。

(二)定点的基本原理

音频感应法定点的基本原理，与用音频感应法探测埋地电缆路径的原理一样。探测时，首先用1 kHz 的音频信号发射器向待测电缆通音频电流，发出电磁波；然后，在地面上用探头沿被测电缆路径接收电磁场信号，并将其送入放电器进行放大；最后，将放大后的信号送入耳机或指示仪表，根据耳机中声响的强弱或指示仪表指示值的大小而定出故障点的位置。

(三)测寻故障的方法

1. 电缆相间短路(两相或三相短路)故障的测寻

用音频感应法探测相间短路故障的故障点位置时，向短路线芯通以音频电流，在地面上将接收线圈垂直或平行放置接收信号，并将其送入接收机进行放大。

地面上的磁场主要是两个通电导体的电流产生的，并随着电缆的扭距而变化。因此，当探头在故障点前沿着电缆的路径移动时，会听到响声有规则的变化，当探头位于故障点的上方时，一般会听到响声增强，再继续向前移动时，音频信号即明显变弱甚至中断，如图11-38 所示。因此，响声明显变弱或中断的点即是故障点。

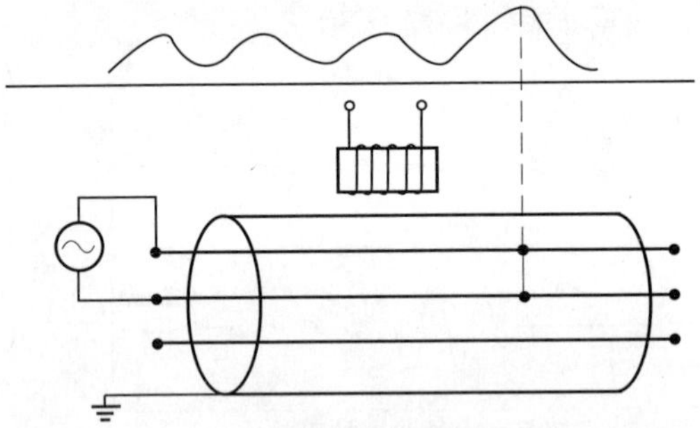

图11-38　音频感应法探测电缆相间短路故障

相间短路及相间短路并接地故障的故障点位置，用音频感应法测寻比较灵敏。

2. 单相接地故障测寻

测单相接地故障点位置时，将音频信号发生器接在故障相导体与地之间。电缆周围的磁场可以看成是由在导体与外皮之间流动的电流 I 产生的磁场，以及金属外皮与大地之间的电流 I' 产生的磁场叠加形成的，回路电流 I' 在地面上产生的磁场远大于回路电流 I 的磁场。这样，若用一般的电感线圈接收信号，则在电缆全长上任一点探测到的信号声响基本上没有变化，从而无法测出故障点。这时，应采用特殊的差动探头，差动探头有两个线圈，两个线圈的信号相减后送入仪器。当使用差动探头沿电缆路径探测时，电流 I' 在两个线圈里产生的感应电压是相同的，因而探头送入到仪器内的信号没有电流 I' 产生的磁场成分，它只反映导体与外皮之间流动的电流 I 产生的磁场。在故障点前，由于导体沿电缆是扭绞前进的，磁场沿电缆是变化的，差动探头在故障点前能接收到一个较弱的沿电缆变化的信号；而在故障点后，由于没有导体电流 I 存在，差动探头接收到的信号为 0；电缆导体的电流是在故障点消失的，因而在紧靠故障点前后的位置上，磁场的分布出现明显的变化，差动探头接收到较强的信号，据此可能测出故障点，如图 11-39 所示。在使用差动探头时，应使探头的两个磁棒都平行于电缆，并沿电缆路径进行探测，不应偏移或转向。

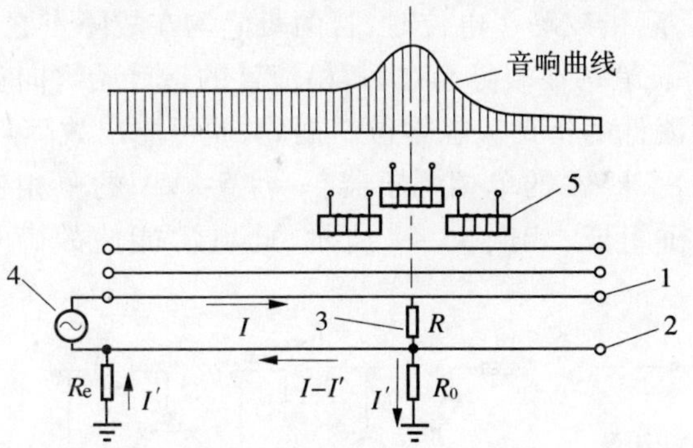

1—电缆线芯；2—护层（铠装）；3—故障点；4—音频信号发生器；5—探头

图 11-39　音频法测寻单相接地故障原理

3. 测寻埋地电缆故障点时应注意的问题

(1) 在电缆周围存在铁磁体时，接收线圈中收到的信号可能较强，但这并不反映故障点情况。

(2) 在电缆接头处，往往接收线圈中能明显地收到强信号。

(3) 电缆各部分如果埋得深浅不一，接收线圈中收到的信号强弱也不一样，埋得浅的地方接收到的信号强。

四、跨步电压法

(一) 适用范围

对于单相接地故障或两相、三相短路并接地故障，特别是金属性接地故障，只要电缆裸露在外面，都可以采用跨步电压法测寻故障点，如图 11-40 所示。

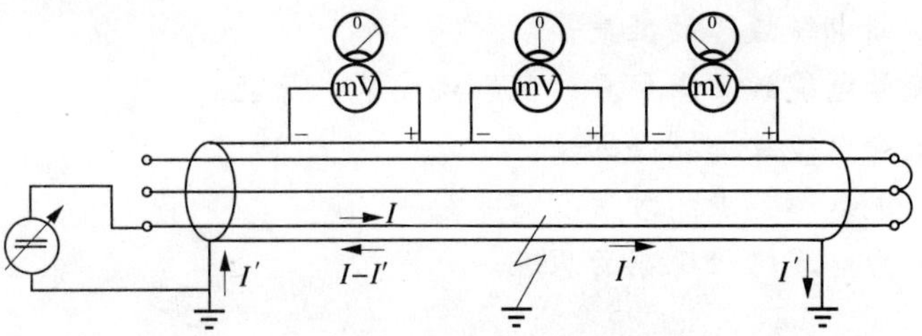

图 11-40　跨步电压法测电缆故障位置

(二)测寻的方法

在故障相与铅皮(铅皮接地)之间,接上可调的直流电源,该电源能使故障点流过一定的电流(一般为5~10 A);然后,在初测所得的故障点位置附近,选相互间距约500 mm的两点,轻轻撬破一小块钢带(只要露出一点铅皮即可),擦净露出的两小点铅皮。上述工作完成后,接通直流电源,直流电流 I 由故障芯线流到故障点,再由故障点经电缆铅皮与大地同时向电缆两个终端流去,即流经铅皮的电流从故障点处分开,向两个相反方向流出(见图11-40中 I 和 I')。此时,将检流计测试端两表笔接好,极性记牢("+""-"表笔的方向)。然后,用表笔测出铅皮的电位,并使检流计的指针向正(负)向偏转。此后,只要正、负表笔不调换,测铅皮跨步电位时,若两表笔均在故障点之前,检流计的指针始终向正(负)向偏转;若两表笔均在故障点之后,检流计的指针始终向负(正)向偏转;若故障点在两表笔之间,则检流计的指针应在零位。据此,便可测出故障点的位置。

直流电源可用一台5 kVA的单相调压器、一台5 kVA的单相变压器、一个输出带电容滤波器的单相整流桥组成,如图11-41所示,此电源能使故障点处流过5~10 A的电流。

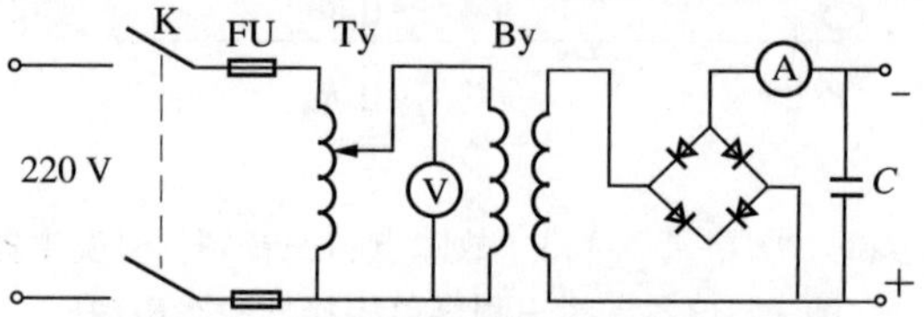

图11-41 跨步电压法直流电源接线

本章小结

本章介绍了电力电缆故障探测基础、电缆故障的分类、电缆故障的各种探测方法。重点介绍了电缆故障诊断、故障测距、路径探测、故障定点的各种方法。

通过学习应了解电缆故障的各种探测方法的原理,重点掌握电缆故障诊断、故障测距、路径探测、故障定点的操作方法,提高电力电缆故障探测的技能水平。

习 题

11-1 电力电缆故障有哪些类型?

11-2 如何判断电缆故障的性质?

11-3 简述测量电缆故障点位置的闪络法的基本原理。

11-4 如何选择电缆故障测寻方法?

11-5 电力电缆故障定点的方法有哪些?

11-6 简述电力电缆路径探测的原理。

参 考 文 献

[1] 中华人民共和国建设部,中华人民共和国国家质量监督检验检疫总局. 电气装置安装工程电气设备交接试验标准(GB 50150—2006)[S]. 北京:中国计划出版社,2006.

[2] 华北电网有限公司. 华北电网有限公司电力设备交接和预防性试验规程[M]. 北京:中国电力出版社,2006.

[3] 周泽存,沈其工,方瑜,等. 高电压技术[M]. 北京:中国电力出版社,1988.

[4] 陈天翔,王寅仲. 电气试验[M]. 北京:中国电力出版社,2005.

[5] 李卫国,屠志健. 电气设备绝缘试验与检测[M]. 北京:中国电力出版社,2008.

[6] 河南电力技师学院. 电气试验工[M]. 北京:中国电力出版社,2008.

[7] 陈化钢. 电力设备预防性试验技术问答[M]. 北京:中国水利水电出版社,2009.

[8] 陈化钢. 电力设备预防性试验方法及诊断技术[M]. 北京:中国水利水电出版社,2008.

[9] 徐丙垠,李胜祥,陈宗军. 电力电缆故障探测技术[M]. 北京:机械工业出版社,2001.